プラス月5万円で暮らしを楽にする

超かんたんヤフオク!

山口 裕一郎〔著〕

SE
SHOEISHA

はじめに

時代は激変しました。

インターネットが普及したおかげで、いまや誰でも成功をつかめる時代に突入しているのです。

この本で新しい時代を体験して、その効果を実感してください。

「まだヤフオク!をやったことがない」という人はとにかく、この本を片手に一歩踏み出しましょう。

もちろん、失敗することもありますが、命をとられるわけではないので、どんどんトライしていってください。

あなたの代わりにこれまでに私がたくさん失敗しておきましたので、本書に書いてある通りにやればかならず成功します。

はじめは思うようにいかないこともあるかもしれませんが、あまり深く考えず、アクセルを思い切り踏み込んで突きすすんでください。

何事も勢いが重要です。

そんな気持ちで実践し続ければ、かならず成功をつかめます。

そもそも、どんなにすごいノウハウだったとしても、それを実践しなければ1円も稼げませんからね。

これは真実です。

本書に書いた手法の数々は私が実践して、試行錯誤しながらつかんだリアルで再現性が非常に高い方法です。

ヤフオク!で成功する秘訣を本書にすべて詰め込みました。

とにかくスタートラインに立って第一歩を踏み出しましょう。

成功へのきっかけはつくったので、あとは自分自身が決断して実践するだけですよ。

ヤフオク!ビジネスの世界へ、さあ、どうぞ。

山口裕一郎

巻頭特集

ズバリこれが売れます！稼げる商品ジャンル大特集

ヤフオク！で人気の商品には傾向があります。
傾向をうまくつかみ、ニーズもしっかり分析すれば、
思わぬ価格で落札されるかも？！
ここでは人気商品の中から筆者が厳選した
本当に稼げる商品を紹介していきます！

ズバリこれが売れます！稼げる商品ジャンル大特集

プロはなにで稼いでいる？

ヤフオク！でおこづかいを稼ぐためには、人気のある商品ジャンルを知る必要があります。そこで、ここではヤフオク！のプロから見た、稼げる商品ジャンルを大公開します！

どのジャンルも、ネットショッピングならではの人気の理由がある商品ばかりです。中には仕入れるのにほとんどお金がかからないような商品も数多く存在するので、「これからヤフオク！をはじめたい！」という人は要チェックです。

入手困難なコレクター商品

需要はあるけれど、そもそも供給が少ない、つまり世の中に出回っている数が少ないという商品は儲かります。

・初版本
・著名人のサインが入っているもの
・生産が追いついていない商品

これらの商品は、「もし手に入るならいくらでもお金を出していい！」という熱心なファンが数多くいるジャンルです。

ふつうのお店ではなかなか手に入らないことを知っているので、売り出されている商品を見つけるとほしくなるというのがファンやコレクターの性です。

そんなコレクター心をくすぐると、思わぬ高値で売れることがあるのです。基本的には定価、もしくは安く買える時期に入手して、価格が高くなってきたら出品するという、株式投資や不動産投資のような販売方法なので、売るタイミングが特に重要です。

アーティスト、アイドルグッズ

- コンサート会場、イベント会場限定で発売された商品
- 人気アーティストのコンサートのチケット
- アイドル記事の掲載された地方紙

アーティストやアイドルの記事が掲載された雑誌や地方の新聞などは特に高値になることがあります。遠方に住んでいるユーザーは、手に入れることが困難なのでネットで探すしかない、というのが人気の理由です。

無料で手に入る商品

- 駅弁の包装紙
- お菓子の缶
- 松ぼっくり
- 流木
- デパートの紙袋

商品	アイドルのコンサートチケット
出品価格	9000円
入札数	50件
落札価格	44000円
値上がり額	35000円
値上がり率	490%

商品	流木
出品価格	100円
入札数	16件
落札価格	2700円
値上がり額	2600円
値上がり率	2700%

・懸賞応募シール／懸賞当選品
・新聞の号外
・雑誌の切り抜き
・芸能人の写真が印刷されているクリアファイル

これらは基本的に無料で手に入るものでありながら、「お金を出して買いたい！」という人がいる商品です。

無料で仕入れるのが可能な商品ばかりなため、これからの仕入資金作りにも向いている商品であるともいえます。初心者におすすめです。

ジャンク品

・壊れている家電
・動かないバイクや自動車
・音が出ない楽器

「そんな壊れているゴミみたいな

商品	ギターのボディのみ（ジャンク品）
出品価格	1000円
入札数	72件
落札価格	33000円
値上がり額	32000円
値上がり率	3300%

商品	新聞号外＋おまけ
出品価格	100円
入札数	51件
落札価格	2500円
値上がり額	2400円
値上がり率	250%

ものをいったい誰が買うんだ?」と思うような商品も、ヤフオク!でなら売ることができます。

実は、家電や自動車は純正品のパーツをメーカーから買うと高くつきます。したがって、ある程度は自分で機械類のメンテナンスができるという人にとっては、メンテナンスに使う部品収集用としてこういった安価なジャンク品は大きなニーズがあるのです。

また、本体やパーツのみだけではなく、説明書のみ、ケースのみ、箱のみでも売れることがあります。

アパレル・ファッション関係

正規販売店で買おうとするとかなり高級なブランドの商品をヤフオク!で探しているユーザーは非常に多いです。

「あこがれの一流品を安く手に入

商品	有名ブランドのコラボグッズ
出品価格	1000円
入札数	46件
落札価格	38500円
値上がり額	37500円
値上がり率	3850%

商品	マンガの全巻セット
出品価格	1円
入札数	88件
落札価格	13000円
値上がり額	12999円
値上がり率	1300000%

れたい」というユーザーの欲望をうまくとらえましょう。

たとえば、数量限定で発売される有名選手のモデルのバスケットボールシューズや、有名ブランドどうしがコラボした商品などは異常な価格で取引されていることもあります。

ほかにも、日本に正規販売代理店がないにもかかわらず、すでに国内で人気に火がついているファッションブランドをうまく掘り出すことができれば、大きく稼げる可能性があります。

こういった商品は、日本に正規販売代理店が入ってくるまでが勝負です。世界最大のオークションサイトeBayで仕入れてヤフオク!で販売するのが王道ですが、偽物には注意しましょう。偽物を販売してしまうと、最悪の場合にはアカウントを削除されてしまうこともあります。

セット本、フルコンプの商品

本やマンガの全巻セットを一気にヤフオク!で大人買いするユーザーはとても多いです。

1冊ずつ買うと、そのたびに送料がかかってしまいますが、全巻セットを購入すれば、払わなければいけない送料は1回で済むので経済的だという理由も背景にあります。

それに、10巻程度のマンガであればいいですが、何十巻も刊行されているような作品だと、お金を持っていたとしても、1冊ずつ地道に買いそろえていくのは、かなりめんどうです。

書店で買うとなると1冊ずつ買わなくてはいけませんが、ヤフオク!なら、全巻セットが安く買えるのです。

そのうえ、自宅まで配送してくれるため、こうした「ラクして全巻ゲットしたい!」というニーズにピッタリ合致しているのです。

集めていたけれど読まなくなってしまったようなマンガなどは積極的に出品してみましょう。

自分にあった
商品はどれかな?

Interview

スーパーセラーに聞く！初心者でもできる成功のコツ

ヤフオク！で成功をおさめている達人に突撃インタビュー！開始から2カ月で売上100万円を達成した人や、パートのかたわらスキマ時間を活用してコツコツ稼ぐ人など成功例は十人十色。あなたも成功者の一員に名を連ねましょう！

- 牧野真士
- 小松朋彦
- ゆぅえもん
- さくら

Interview 1

はじめて2カ月で売上100万円!
ヤフオク!で人生を変えた凄腕ユーザー

牧野真士さん

Profile_Masashi Makino

1979年生まれ。何度も転職を繰り返したのち、偶然知った本書著者のセミナーに参加し、コンサルティングを徹底的に受けることを決意。その結果2カ月で売上100万円、そのあと3カ月で200万円を達成し、安定した生活基盤を築くことに成功。

Q ヤフオク!ではどんな商品を販売していますか?

A 店舗で在庫処分されている日用品や化粧品、リサイクルショップで見つけた古着がメインです。

Q ヤフオク!をはじめたきっかけはなんですか?

A 本書の著者である山口さんに転売のコンサルティングをお願いしたところ、練習として、とりあえずなんでもいいからヤフオク!で100点出品することを指示されて、本格的にはじめました。

Q 月5万円を達成するまでにかかった期間を教えてください

A 2週間くらいです。100点の出品を実践しながら、いつのまにか余裕で達成できていました。

Q ヤフオク!で気をつけていることを教えてください

A 出品時に気にすることは、やはり商品の状態です。箱などがつぶれていたり汚れたりしていないか、使用期限のある商品の場合、期限がどれだけ残っているかなど、落札されたかたが手にした際に「落札して損した」と思われたくないので、しっかりとチェックして説明文に記載しています。

また、商品画像を撮影する際は、背景に白い紙を使うなどの工夫をして、商品がキレイに見えるようにしています。

ほかには、落札いただいた際には迅速にメッセージを送って、お礼と同時に正確な落札価格や送料を伝えるようにしています。

ほぼすべてのかたが発送手段に定形外郵便を選択するので、かならず緩衝材（プチプチ）は多めに常備するようにしています。

Q ネットビジネスの中でなぜヤフオク！を選んだのですか？

A やはり、ほかのオークションサイトやフリマサイトと比較して利用者数が圧倒的に多いことが一番の理由です。人が多くいるところには必然的にお金も集まります。ネットビジネスをするうえで、これ以上の市場はないと考えています。

それに、オークファン[*1]で過去の落札データも見られるので失敗しにくい点も挙げられます。

＊1：オークファンについては、Chapter5の「ニーズを分析しよう」などで解説しています

Q 印象に残っているうれしかったことやトラブルはなんですか？

A うれしかったことは、よい評価をいただいた際に、ヤフオク！が用意している定型文ではなく、落札者の言葉でお礼が書かれていたときです。努力が認められたと思えたときはうれしいですね。もちろん、高い金額で落札してもらえたときもですが（笑）。

最悪なトラブルは、ヤフオク！にまだ慣れていないときに誤って、すでに落札されたはずの商品（在庫なし）を再出品してしまい、落札者にこっぴどく怒られてしまったことです。結局、翌日に急いで店舗を探し回って商品を購入・発送し、ことなきを得ました。自業自得とはいえ、そのときは結構な赤字を出してしまいました。

Q これからヤフオク！をはじめる人にアドバイスをお願いします

A ぼくも慣れるまでは戸惑いやまちがいがよくありました。非常にめんどうだなと感じる作業もたくさんありました。しかし、それは最初だけで、すぐに慣れます。ネット検索すれば便利なツールもたくさんあり、本当に簡単です。だからこそ多くの利用者がいるわけで、ぼくのような不器用な人間ですら稼ぐことができているのです。いま、この本を読んでいる人はぼくなんかよりずっと器用だと思うので絶対に成功できるはずです。

稼ぐことは決して難しいことではありません。行動を起こせば、すぐにお金は生まれます。

この本を読めば、ヤフオク！で稼ぐための正しい知識が確実に身につくと思いますので、あとはそれに沿って行動するだけです。いまは想像できないかもしれませんが、あなたの生活が大きく変わる一歩となるはずです。

Interview 2

はじめて2年で月商400万円！元自衛隊のスーパーセラー！

小松朋彦さん

Profile_Tomohiko Komatsu

1979年生まれ。
1998年に自衛隊入隊。2015年に退職し、ヤフオク！をはじめる。開始当初は月商20万円ほどだったが、いまや転売だけで月商400万、月収130万のスーパーセラーに。

Q ヤフオク！ではどんな商品を販売していますか？

A ジャンク品のゲーム機本体やコントローラーを安く大量に集めてきて、ジャンク品セットにして出品しています。新発売の商品を多めに仕入れておいて、売切で店頭に並ばなくなったときに販売するようなこともしています。

また、ヤフオク！は安く価格を設定しておけばかならず入札されるので、はやくすべて売り払ってしまいたい商品などは開始価格を低くして出品しています。

Q ヤフオク！をはじめたきっかけはなんですか？

元々、ネットで商品を販売していましたが、販売ルートが1つだけなのが不安になり、ヤフオク！をはじめました。

いままでは廃棄するかリサイクルショップに持っていくしかなかった商品も、工夫しだいでヤフオクで高く売れるようになりました。

Q 月5万円を達成するまでにかかった期間を教えてください

A 在庫を持っていた商品を大量に出品したので、5万円は初月で達成しました。もしかすると、家にある不用品を出品するだけで5万円は誰でも達成できるかもしれません。

古いDVD、本、ゲーム機は当然として、時計やiPhoneの箱、箱なしの古いおもちゃも売れます。「宅建に合格する方法」のようなノウハウ[*2]も出品できます。

＊2：ヤフオク！では物品以外にも、具体的な根拠を伴ったノウハウ、子育てに関する相談や、弁護士、司法書士などの資格を要する相談といったものも出品できます

Q ヤフオク！で気をつけていることを教えてください

A 評価が著しく低い落札者には気をつけています。トラブルになりそうなら、取引を断ることも少なくありません。

また、落札時は、評価や商品の状態に加え、ほかに販売できそうな商品があるかどうかにも気をつけています。落札された商品が1個あったら、それに関連した商品がいくつかあるはずなので。

Q ネットビジネスの中でなぜヤフオク！を選んだのですか？

A 利用者が多く、交渉に応じてくれる人も多いので、いろいろな販売、仕入方法を利用できるからです。

たとえば、継続的に「仕入商品リスト」を送ってくれる業者とつながったり、定期的に商品を買ってくれるリピーターがついたりもします。

これは出品者と落札者の接触する機会が多いヤフオク！ならではです。

Q 印象に残っているうれしかったことやトラブルはなんですか？

A 「これなら喜んでもらえるだろう」という工夫をして、売れたあとに心のこもったメッセージとともに「非常に良い」の評価をいただいたときは、とてもうれしくて知恵を絞ってよかったと思いました。

トラブルは、自分が落札したときなのですが、わかりづらい商品説明で出品をしていた人と喧嘩のようになって、お互いに悪い評価をつけあってしまいました。

1週間近くにわたって返品返金交渉をしながら、お互いに自分の主張を繰り返し、仕事に集中できないくらいヘトヘトになりました。「これからは変にいざこざを起こさず、あきらめて次にすすまないといけない」と強く思いました。

Q これからヤフオク！をはじめる人にアドバイスをお願いします

A まずは、やってみないとヤフオク！がどんなものかわからないと思いますので、ぜひはじめてみましょう。

設定は難しいものではありません。いきなり出品するのが不安なら、落札することからはじめてもいいと思います。

自分が落札するだけでも評価は増えます。評価が多くなってくれば、いざ出品したときに、落札される確率も上がってきます。

ひとまずは、生活に必要な日用品などをねらって、入札してみてはいかがでしょうか。

Interview 3

不要品の処分からはじめて いつのまにか月収100万円に!

ゆぅえもんさん

Profile_Yxuemon

大阪在住。2013年秋からネット販売をはじめ、ヤフオク!やAmazonを販路として、利益を出せるようになる。2015年には、月収100万円を達成する。同時に、ネット販売の情報発信ブログも開始。ブログ：http://sedori-start.com/

Q ヤフオク!ではどんな商品を販売していますか?

A 品薄で、定価を超える価格でも買い手がつくような商品をメインに販売しています。

ジャンルは特定のものにこだわらず、幅広いカテゴリで商品をリサーチして、販売しています。

最も多いのは、CDやDVDです。

Q ヤフオク!をはじめたきっかけはなんですか?

A 自宅の大掃除をしている際に出てきた不要品を捨てるのがもったいなく思え、どうせならヤフオク!に出してみようと思ったのがきっかけです。

お金になることはそこまで期待していませんでしたが、とあるアーティストのファンクラブの会報が1部3000円で落札されたときは驚きました。

ファンクラブに入っていたら、ふつうにもらえるようなものだったので、利益率はほぼ100%ですね。

また、熱狂的なファンがいるアーティストの楽譜なども、定価の何倍もの価格で取引されることが多いです。

Q 月5万円を達成するまでにかかった期間を教えてください

A 5万円は、はじめた月でいきなり達成しました。

いまは、インターネットでもっと多くのノウハウなどが出回っているので、本当にどんな人でも月に5万円は達成できると思います。

Q ヤフオク!で気をつけていることを教えてください

A やはり、悪い評価をもらわないことです。

ヤフオク!を続けていると、トラブルに遭遇することもあります。そうしたときにも迅速に、そして丁寧に対応することによって、ほとんど悪い評価をもらうことはありません。評価は、出品者の看板のようなものです。落札者とはこまめにやりとりして、安心してもらえるように心がけることが第一です。

Q ネットビジネスの中でなぜヤフオク!を選んだのですか?

A 資金繰りの便利さですね。

Amazonだと、2週間に1回の入金なので、売れてもなかなか手元にお金が入ってきません。

その点、ヤフオク!は落札されれば、すぐ入金があるので、資金の回転もかなりよくなります。

それと、商品ページを自分自身で作成することができるので、売りかたさえわかれば、ほかの出品者より高く売れることだって数多くあります。

こうした工夫ができるところにも魅力を感じます。

また、Amazonの販売手数料は15%なのですが、ヤフオク!では、基本的に8・64%(2017年2月現在)なので、利益が出やすいです。

Q 印象に残っているうれしかったことやトラブルはなんですか?

A 1番のトラブルは、似たような商品を複数扱っていて、落札されたものとは異なった商品をまちがえて送ってしまったことです。

落札者から「違う商品が届いた」と連絡がきたときは、落札者のカン違いだと思ったのですが、よくよく商品を確認すると、本当に違う商品を送っていました。

そのときは、平謝りして、すぐに正しい商品を送りました。

Q これからヤフオク!をはじめる人にアドバイスをお願いします

A 世の中にはいろんなネットビジネスがあり、中には怪しいと思うものもあるかもしれません。

しかし、ヤフオク!は、基本的には「品物を買って、売る」というだけのわかりやすいものなので、はじめての人でもとっつきやすいと思います。

まずは、自宅にある不要品の販売からはじめてみてください。

思わぬ価格で落札されるかもしれません!

家事やパート、趣味のスキマ時間を活用してバリバリ稼ぐスーパー主婦！

さくらさん

Interview 4

Profile_Sakura

神奈川在住。主婦のかたわら、週2回のパート勤務もしている。プロレス観戦や全国の映画館・シネコンめぐりが趣味。ビジネスも家庭も大切にする、輝く女性を目指し、日々奮闘中。「ふつうの主婦」が、「夫にナイショ」で、「そぉ〜っと、ガッチリ稼ぐコツ」を伝授するメルマガ「さくらサク☆せどり通信」を毎日発行中。

Q ヤフオク！ではどんな商品を販売していますか？

A 中古のカメラやレンズ、三脚、バッグなどのアクセサリー類を販売しています。

主婦で資金も少ないため、小さめのデジカメやレンズなどを中心に、クレジットカード2枚を使いわけて仕入れています。

オシャレなカメラ女子にあこがれていますが、実は機械オンチで写真はスマホでしか撮れません（笑）。

「カメラの転売は難しい」という印象があるかもしれませんが、オークファンやAmazonで売れている商品を事前にリサーチしてから出品すれば簡単です。メイドインジャパンのカメラは中古でも状態のよいものが多いのと、検品も簡単にできるのが楽しく続けられる理由だと思っています。

Q ヤフオク！をはじめたきっかけはなんですか？

A カメラ好きの父が新しいカメラを買う際に、古いものを処分するために出品したことがきっかけです。そのまま捨てるのはもったいないですからね。

古い機種はもちろん、壊れて動かないジャンク品もヤフオク！では意外にすぐ売れていきます。

父のカメラの数にも限度があるので（笑）、現在はリサイクルショップやフリマアプリなどで仕入れて、販売することが多いです。

Q 月5万円を達成するまでにかかった期間を教えてください

A だいたい2カ月くらいです。

初月は父のカメラなどの不用品がメインで、売れるペースにバラつきがありました。しっかりと仕入をして商品の在庫が増えてくると、コンスタントに1~2カ月で完売できるようになりました。

Q ヤフオク!で気をつけていることを教えてください

A 私が気をつけていることは2つだけです。

まずは、商品がキレイに見えるように、できるだけ明るい場所で写真を撮ること。

そしてもう1つは、発送方法と送料を商品説明にしっかり記載すること。この2点に注意するだけで、落札金額に大きな差が出ます。

Q ネットビジネスの中でなぜヤフオク!を選んだのですか?

A ヤフオク!は使い勝手のいい便利なスマホ用アプリがあるので、そのアプリを活用してスキマ時間に取り組めることが大きな理由です。

また、入札者が多くついたときには、出品するときに想定していた価格よりも高値で落札されることも多く、そんなドキドキ感も楽しく、どんどんハマっていきました。

Q 印象に残っているうれしかったことやトラブルはなんですか?

A うれしかったこととしては、一度落札してくれたことのある人が、リピートして今度はまとめて落札してくれたことです。ほかには、「ずっと探していた機種を手に入れることができました!」などのお礼のメッセージをもらったときですね。

あまりトラブルの経験はありませんが、商品がバッテリーの充電不足でうまく動作せず、不良品とカン違いされてしまい、あやうく返品になりそうなことがありました。

そのときに出品したのは、利益率の高い中古品でしたが、そういった商品の場合は落札者もナイーブになっていることも多いので、検品にもひと手間かけないといけないということがよくわかりました。

Q これからヤフオク!をはじめる人にアドバイスをお願いします

A 私は売れ筋や価格のリサーチから出品・発送まで、ほぼスマホだけで完結しています。

電車での移動中や、お昼休みなどのスキマ時間を活用できるので便利です。

初心者の場合は1点ごとの利益が1000~5000円などバラつきがあると思いますが、とりあえずはスキマ時間を見つけては、コツコツ続けることがカンジンです。

START!

巻頭特集
ズバリこれが売れます！稼げる商品ジャンル大特集
未経験＆初心者でも簡単に稼げる鉄板商品を大公開！
P.3

Interview
スーパーセラーに聞く！初心者でもできる成功のコツ
ガッツリ稼ぐ人からコツコツ稼ぐ人まで幅広く直撃インタビュー！
P.9

Introduction
ヤフオク！ってなにするの？
ヤフオク！が人気の理由やどんなしくみで稼げるのかを紹介します。
P.21

Chapter 1
ヤフオク！をはじめよう
出品に必要なものや、ヤフオク！で入札する際の手順を説明します。
P.33

Chapter 2
出品のコツをつかもう
いざ出品！まずは家にある不要品からはじめてみましょう。
P.49

Chapter 3
落札から発送まで
商品が落札されたあとにやるべきあれこれを解説します。
P.67

Chapter 4
商品を増やそう！
お宝商品を仕入れるコツや、仕入をもっとお得におこなう方法を伝授します。
P.83

Chapter 5
売上アップのポイント
ちょっとした工夫で、売上は大きくアップします。ほかのユーザーと差をつけましょう。
P.109

Chapter 6
トラブル発生！どうしよう？
トラブルが起きても大丈夫！冷静に対応すれば、リピーターになってくれるかも？
P.125

Chapter 7
もっと稼ぎたい人のために
月5万円は通過点！あの手この手でもっと暮らしをランクアップさせましょう！
P.143

SUCCESS!
コツコツ続けていつの間にか年収が60万円もアップしちゃった！

「気になること」から探せるもくじ

ヤフオク!のしくみやツールを知りたい

仕入のコツを知りたい

商品ページへのアクセスをアップさせたい

月5万円以上をコンスタントに稼ぎたい

Introduction

ヤフオク!ってなにするの?

- なんでヤフオク!で稼げるの?
- 月に5万円稼ぐためには
- 落札の流れを知ろう
- 出品から発送までの流れ
- Amazon、メルカリ、楽天との違い
- 稼ぐためには転売(せどり)をおぼえよう

なんでヤフオク！で稼げるの？

日本一のユーザー数を誇るヤフオク!の魅力を知りましょう

時間やジャンルに縛られない

ヤフオク！は365日、24時間営業しています。当たり前のことですが、一般的な店舗は営業時間や営業日が決まっています。そのうえ、1つの店舗で販売できる商品の数やジャンルにも物理的に限度があります。

一方、ヤフオク！で販売されている商品ジャンルは無限大（一部、禁止されているジャンルもありますが）で出品数も無限大といえるほどの規模なのです。

取引先は全世界！

さらに、あまり知られていないのですが、ヤフオク！なら海外の人にも商品を販売できます。このマーケットの広さは魅力的です。

実店舗の場合、顧客が来店できる範囲（商圏）にはかぎりがあるので、おのずと購入者の数も絞られてしまいます。どちらが稼げるかは明らかでしょう。

レアもので一攫千金も

ほかにも、ヤフオク！の大きな魅力の1つとして、商品によっては非常に大きな利益を出せるということが挙げられます。

たとえば大人気のアイドルグループのチケットなど、世の中に出回る数が少ない商品は出品者も驚くほど、信じられないような価格にまで高騰するケースも数多くあります。

思わぬものが商品に

ヤフオク！で稼げる理由は、価格が高騰しやすいということだけではありません。実際に出品されているものを眺めてみると、ふつうのお店では売られていない次のようなものも販売されています。

・新聞記事の切り抜き
・化粧品などの試供サンプル
・SNSのアバター（自分の分身）

さらにはなんと、その辺を歩いていれば誰にだって手に入れることのできる松ぼっくりまで出品されているのです（図1）。

まずはなんでも出品してみよう

どうですか？ ガゼン、やる気が出たのではないでしょうか？

ヤフオク！で売りものになる商品は星の数ほどあります。ためしに、あなたがいま捨てようと思っているものをヤフオク！へ出品してみてください。意外なものが、意外な高値で売れることはじゅうぶんあり得ます。

いらないものを売るだけでおこづかいを稼げるなんて、こんなラクな話はありません。さあ、ヤフオク！をはじめてみましょう！

図1

こんなものが売りものに

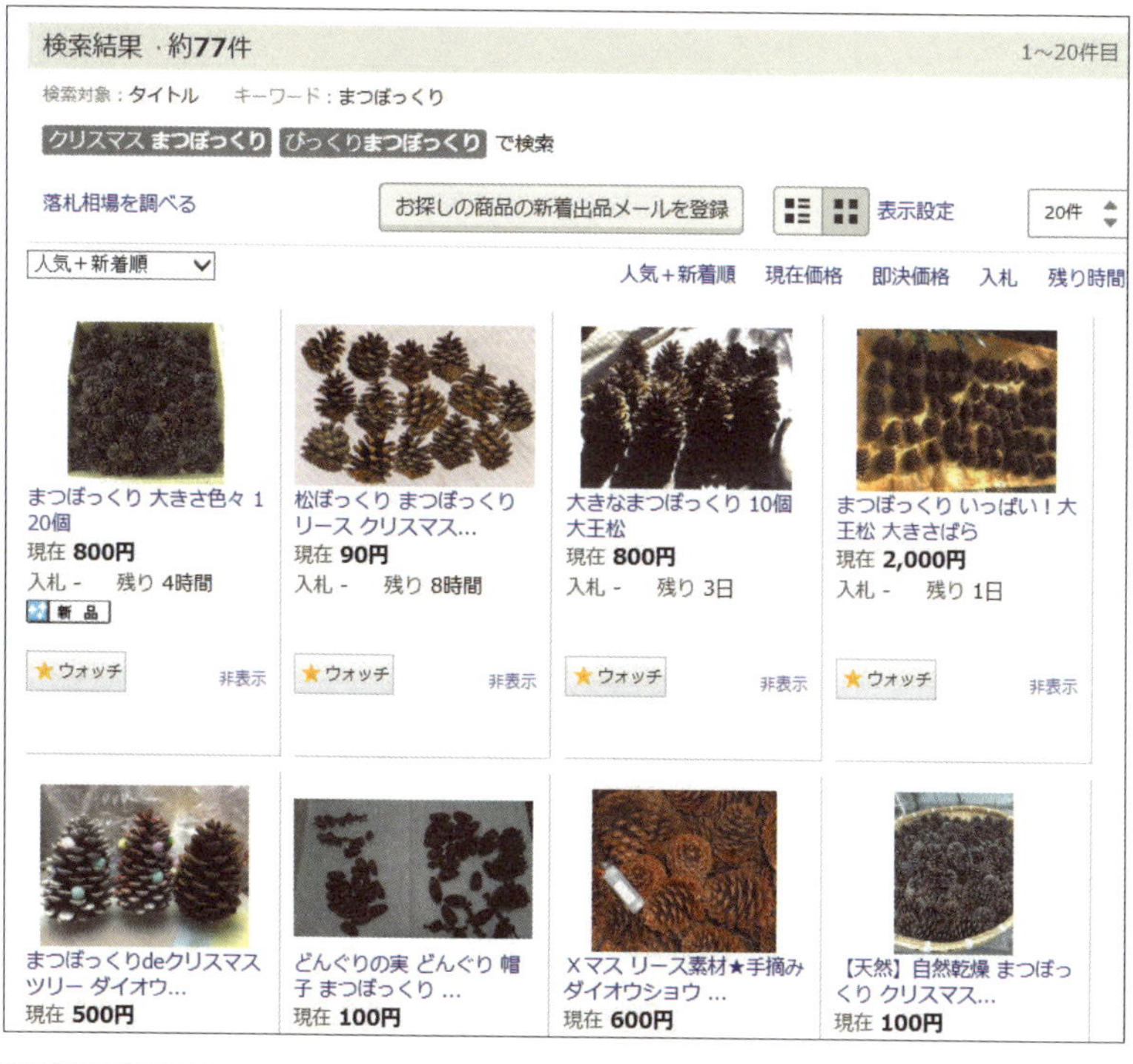

月に5万円稼ぐためには

自分のライフスタイルに合わせた稼ぎかたを見つけましょう

月に5万円は難しくない!

本書では、月に5万円稼ぐことを目標にしています。実は、ひと月にたった5万円程度の利益なら、すぐに稼げる人はたくさんいます。

筆者は多くの人にコンサルティングをしています。その豊富な経験を活かし、この書籍では机上の空論ではなく、事例にもとづいたテクニックを紹介していきます。

目標設定がカンジン

ただし、いくら簡単とはいっても、なにも考えずいきなり5万円稼げるようになるわけではありません。**しっかりと目標を定め、そこに向かいコツコツと売上を積み上げることが重要です。**

筆者はセミナーなどで、「1つの商品につき、利益率30%以上が理想」だと説明しています。この場合、月に5万円を稼ぐためには、売上が16・7万円ほど必要になります。つまり、3000円の商品なら50個、1万円の商品であれば15個売るだけで達成できる計算です。

しかし、なかなか売れない商品があったり、相場が崩れたりして30%の利益がとれないケースも多々あります。

5万円の稼ぎかたは人それぞれ

ヤフオク!では単価の高い商品で勝負したり、単価の安い商品をたくさん売ったりと、選択肢がたくさんあります。仕入予算や生活スタイルによって、いろいろなやりかたを模索できるのです(図2)。

たとえば、いそがしくてあまり仕入に時間を割けない人はオートバイやパソコンの転売をすれば、月に1台売るだけでも5万円の利益をねらえます。

選択肢が多ければ多いほど、もちろん成功する可能性は高まりますよね。

手軽な仕入でもじゅうぶん

月に5万円くらいの目標金額であれば、問屋を使ったり、輸入したりしなくても一般的な小売店での仕入で問題ありません。

もちろん問屋や輸入を活用すれば大きく儲かります。しかし、仕入れるまでの手続きがめんどうだったり、大量に在庫を抱えたりしなければなりません。

しかし、ガッツリ稼ぐのではなく、おこづかい程度の目標なら、小売店などでの手軽な仕入でも全然問題ないのです。

図2

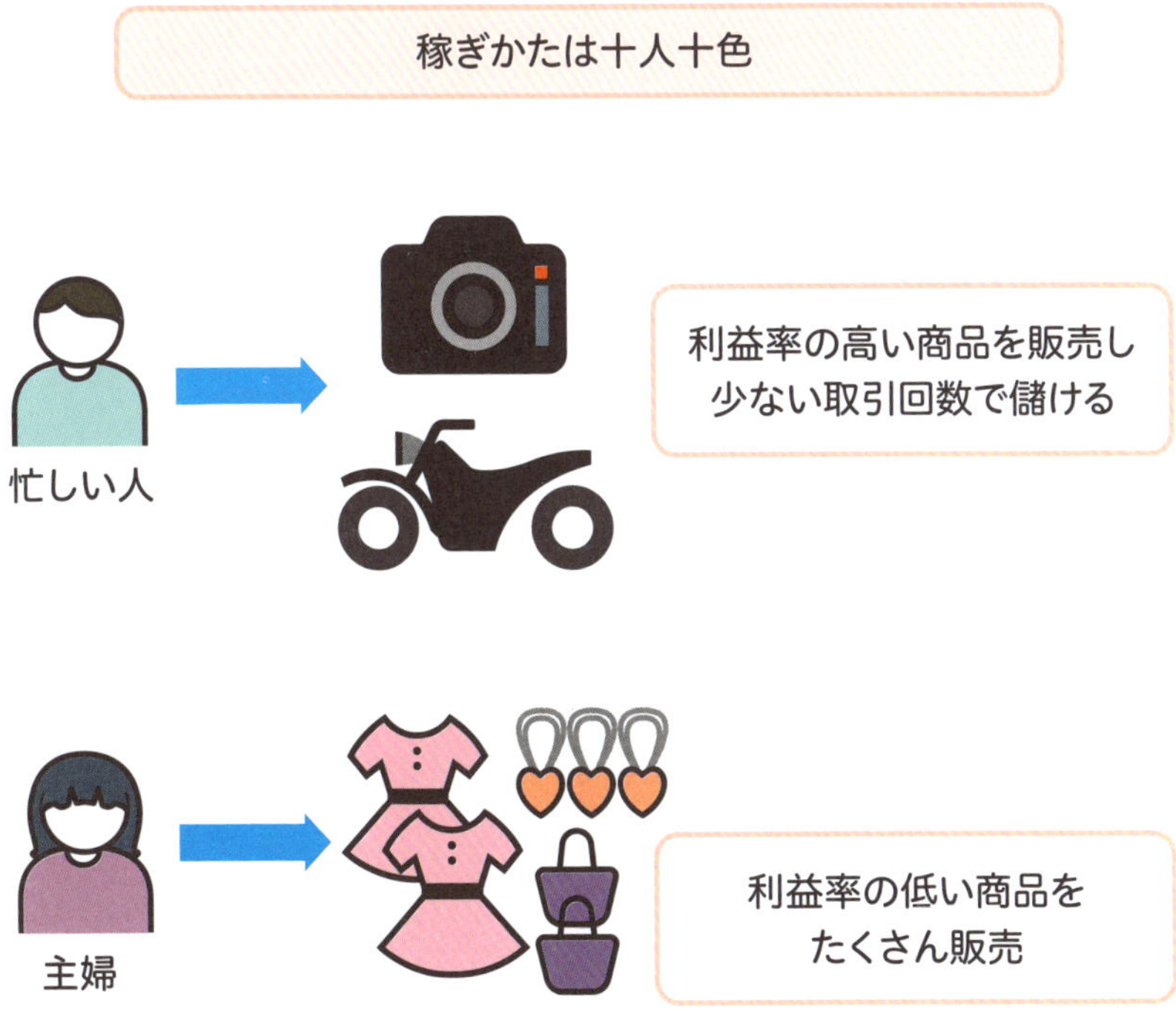

稼ぎかたは十人十色
忙しい人
利益率の高い商品を販売し
少ない取引回数で儲ける
主婦
利益率の低い商品を
たくさん販売

落札の流れを知ろう

出品の前に商品を落札する方法を知りましょう

落札して経験を積む

商品を出品する前に、まずは基本中の基本ともいえる「落札」について学びましょう。

いきなり出品するのではなく、まず落札の経験を積むことで、いざ出品したときの役に立つのです。

①まずはほしいものを検索

ヤフオク!で商品を買う場合、まずは出品されている商品の中からほしい商品を検索します。

その際、商品名や型番を入力して検索すると比較的はやく、ほしい商品を探し出せます。

「なんとなくランニングシューズがほしいんだけど、ブランドやモデルを決めてないからいろいろ見てみたい!」というような場合はカテゴリ検索がおすすめです。

●「並べ替え」を活用して検索しよう

あまりにもたくさんの数の商品が検索にヒットした場合、商品の絞り込みをしていきましょう。

次のような条件で並び替えると、ほしい商品をはやく見つけることができます。

- 現在の価格順
- 残り時間の短い順
- 入札の多い順
- 即決価格の安い順

②入札をする

ほしい商品を見つけたら、自分の予算の中で金額を指定して入札します。

最終的に自分が一番高い金額の入札者である状態でオークションが終了した場合、みごと落札者となり、その商品を購入できます。

③落札から発送まで

落札が決定したら、出品者と落札者の間で取引がはじまります。基本的には支払方法を決め、それにしたがって入金し、出品者が入金を確認したのち、商品が発送されます。

●取引後にはしっかり評価しよう

商品が到着し、取引や発送方法、商品など、特になにも問題がない場合は出品者を評価しておきましょう。評価は強制ではありませんが、なにも問題なく取引が完了した場合、「非常に良い」という評価をつけるのがヤフオク!における「マナー」です（図3）。

なにか問題があった場合でも、いきなり「悪い」「非常に悪い」という評価をつけるのではなく、まずは出品者に連絡し、対応してもらうようにしましょう。

図3

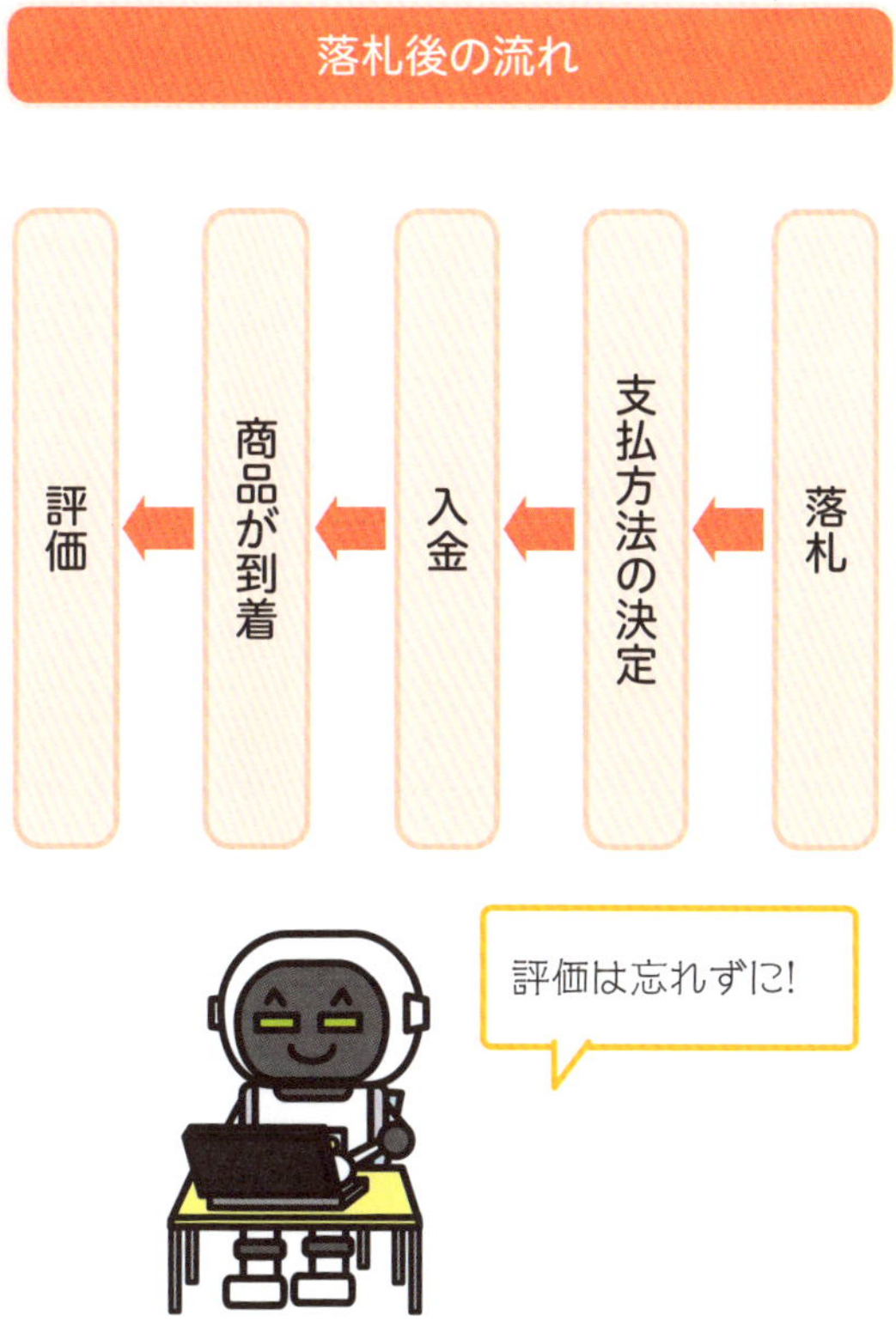

出品から発送までの流れ

出品から発送まではたったの5ステップです！

①タイトルと説明文の作成

ヤフオク！にはたくさんの商品が出品されています。その中で自分の商品を買ってもらう確率を高めるには、**魅力的な商品紹介をする必要があります。**

まずは売りたい商品の正式名称、型番、スペックなどを調べ、タイトルと説明文を考えましょう（Chapter5「商品説明文を書くときの注意点」参照）。

②価格の設定

タイトルと説明文が決まったら、次に商品の価格設定をしてみましょう。価格設定の際には、**「落札相場機能」**が便利です。

落札相場機能とは、過去に出品された商品が、いくらで落札されたかをチェックできるものです（図4）。

この落札相場と、出品したい商品の状態を鑑みて、出品価格や即決価格を決めます。

あまりにも相場とかけ離れた価格に設定してしまうと、落札されづらくなってしまうので注意しましょう。下調べがカンジンです。

③意外に重要な商品画像

商品の画像は、登録しなくても出品はできますが、**画像がない商品だとまず売れないのでかならずアップロードしましょう。**

あとは出品期間など、必要な項目を設定すれば出品完了です。

④出品後から落札の間にやるべきこと

●出品ページのチェック

出品後にはかならず出品ページを確認しましょう。不備があった場合には、出品をキャンセルすることができます。その際は、修正して再出品します。

●質問への回答

出品すると質問が届くことがある

ので、しっかり回答しましょう。
疑問が解消されると、入札されやすくなります。

⑤落札者への連絡

落札者が決定したら、取引を開始します。発送方法や送料に関しての連絡をし、代金の入金を確認したら商品を発送する方法が一般的です。

商品が到着し、特に問題ない場合は落札者から評価がつくのが一般的です。ほとんどがここで取引終了となります（図5）。

図4

落札相場機能

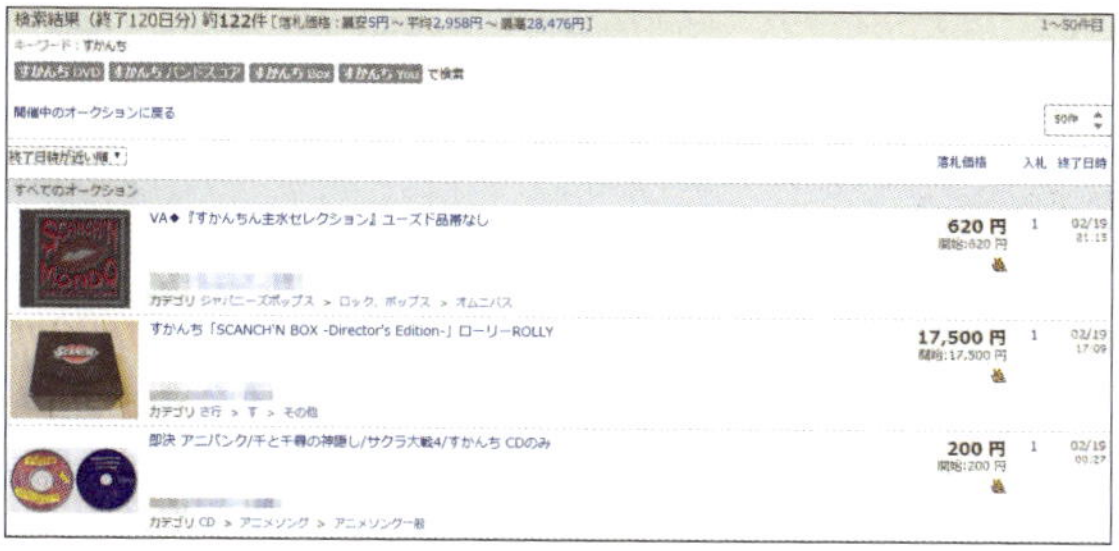

図5

出品から発送までの流れ

1. タイトルと説明文の作成
2. 価格の設定
3. 商品画像の登録
4. 出品ページのチェック
5. 落札者への連絡

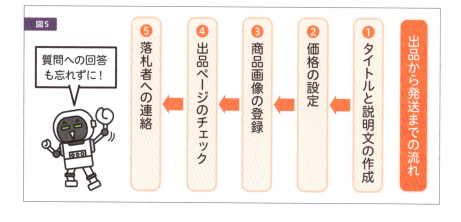

Amazon、メルカリ、楽天との違い

ヤフオク!とほかのサイトとの違いを見ていきましょう

ヤフオク!とAmazonの違い

Amazonでは、個人が商品を販売できる「Amazonマーケットプレイス」というサービスを提供しています。ヤフオク!と比較されることの多いAmazonマーケットプレイスですが、どういった点が違うのでしょうか。特徴を見てみましょう（図6）。

●商品ページ

ヤフオク!とAmazonの違いの1つ目は商品ページです。

ヤフオク!では、商品ごとにタイトル文・商品説明文の編集や商品画像の撮影をする必要があります。

Amazonでは、売りたい商品がすでに登録されていればその必要はありません。

しかし、裏を返せば同一の商品ページに複数の出品者が並ぶため、値下げ合戦が起こりやすい傾向にあります。

●支払

Amazonでは、FBA[*1]というサービスがあり、金銭のやりとりを代行してくれるため、ヤフオク!で多いお金に関するトラブルを防ぎやすいです。その反面、資金繰り（落札から入金のスピード）においては、落札者から直接の支払を受けられるヤフオク!のほうが有利であるともいえます。

＊1：FBAとは「フルフィルメント by Amazon」の略で、商品の保護や注文処理、そして出荷から配送などをAmazonが代行してくれるサービスのことです

ユーザーに主婦が多いメルカリ

メルカリはフリーマーケット形式になっており、基本的には交渉で価格が決まります。

老若男女を問わず幅広く利用されているヤフオク!と違い、ユーザーに女性が多いのがメルカリの特徴でもあります。女性のニーズが高いものについてはヤフオク!ではなかなか売れなかった商品がバンバン売れることも、少なくありません（図7）。

楽天市場はプロ向け

楽天市場は、一般の個人ユーザーよりも企業が出店しているケースが多く、設定が必要な項目も多いため、**プロ向けのショッピングサイト**だといえます。

楽天スーパーセールを中心として注目度の高いイベントも多数開催されるので、これらをうまく活用すれば、売上を大きく伸ばすことができます。

楽天市場の一番の特徴は**メルマガでの販促**です。

以前に購入してくれた人や見込み客にメールを送り、商品を売るというインターネット通販の王道的な方法ですが、アイデアしだいではかなりの売上を期待できます。

図6

Amazonの特徴

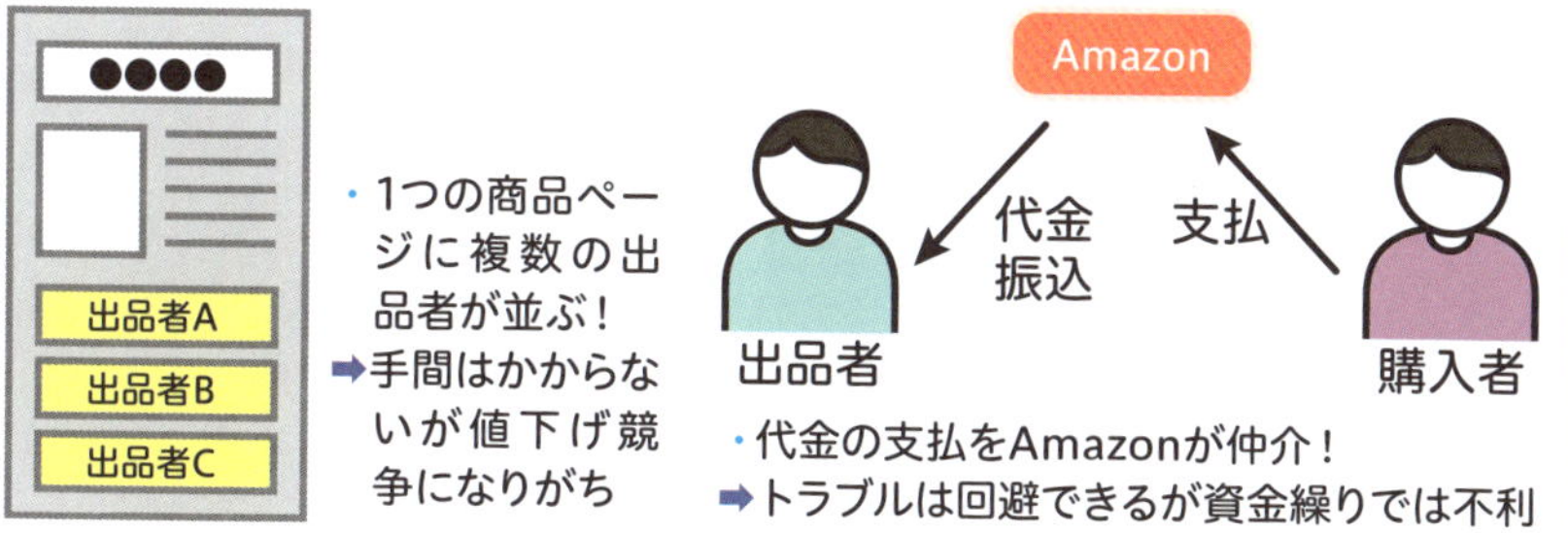
●●●●
出品者A
出品者B
出品者C
・1つの商品ページに複数の出品者が並ぶ！
➡手間はかからないが値下げ競争になりがち
Amazon
代金振込
支払
出品者
購入者
・代金の支払をAmazonが仲介！
➡トラブルは回避できるが資金繰りでは不利

図7

出品者やユーザー層の違い

楽天市場
ヤフオク！
メルカリ
・プロ(企業)の出店が多い
・メルマガでリピーターを集める
・ユーザー層が幅広い
・女性が多い
・交渉で価格が決まることが多い

稼ぐためには転売（せどり）をおぼえよう

初期投資がほぼ不要な「せどり」なら初心者でも簡単に儲けることができます

「せどり」って、なに？

「せどり」とは、一般的な相場より安く売られている商品を仕入れて、仕入値よりも高く売り、儲ける手法です。現在では一般的に、インターネットを利用した転売のことを指します。

この「せどり」という言葉の由来には諸説あるようですが、本やCDの背を見て仕入れること、つまり「背取り」が語源ともいわれています。

最近では誰でも可能に

せどりは昔からあった手法なのですが、商品相場、プレミアム度、一般的なニーズなどを総合的に熟知していなければできない、非常にマニアックな仕入方法とされていました。

しかし、インターネットの普及に伴い、相場検索が簡単にできるサイトや利便性の高いツールが登場したおかげで、誰でもせどりで利益を上げられるようになったのです。

初期投資は必要ない！

初期投資がほとんど必要なく、はじめるハードルが低いこともせどりの魅力です。最近ではまったくのど素人からせどりで億万長者になった人も多数います。個人でも簡単に、大きな利益を獲得できるのです。

インターネットを活用した物販の専門家として、国内転売や輸入、輸出などについて日々実践と研究を重ねている筆者ですが、まったくスキルや経験がなくても短期間で利益を上げられる手法は、せどり以外に知りません。

まずは行動しよう

「なるほどなぁ。これは稼げるぞ！」と感心していないで、まず第一歩を踏み出しましょう！　行動さえすれば、誰でも稼げるようになります。そのためのテクニックを、この本では徹底的に紹介していきます！

Chapter 1

ヤフオク!をはじめよう

- 出品に必要なもの
- Yahoo!JAPAN IDを取得しよう
- Yahoo!プレミアムに登録しよう
- 自己紹介の書きかた
- 入札してみよう
- 入札した商品の値動きをチェックしよう

出品に必要なもの

出品する前に準備しておくものは意外とたくさんあります

Yahoo! JAPAN ID

ヤフオク!を利用するためには、まずはYahoo! JAPANのサービスへの登録が必要になります。

そのためのアカウントが、Yahoo! JAPAN IDです。ＩＤとはいっても、単なる名前のようなものなので、身構える必要はありません。ただ、一度登録すると登録後はＩＤの変更ができないので、慎重につけるようにしましょう。

Yahoo!プレミアム会員登録

Yahoo! JAPAN IDを取得すると、ヤフオク!で商品の「落札」が可能になります。ただし、出品機能を利用するには、有料サービスであるYahoo!プレミアムへの登録も合わせて必要になります。

フリマ出品(Chapter7「フリマ出品を活用しよう」参照)の場合にかぎり、Yahoo!プレミアムの登録は不要ですが、使える機能に制限があるので、筆者はYahoo!プレミアムへの登録をおすすめしています。月額４９８円(税込)なので、迷うくらいなら登録してしまいましょう。

モバイル確認または本人確認

出品するためには、ＩＤの登録だけでなく、本人確認の手続きも必要です。インターネット回線にYahoo! BBを利用している場合や２００４年３月１日以前にYahoo!プレミアムに登録したＩＤなど、本人確認が不要な場合もあるので、ヤフオク!のヘルプから事前に確認しておきましょう。

ヤフオク!ヘルプ

URL https://www.yahoo-help.jp/app/home/p/353

Yahoo!ウォレットへの登録

Yahoo!プレミアムの利用料やヤフオク!のシステム利用料などの支払に使うのがYahoo!ウォレットです。支払先をいちいち入力する手間がなくなり、入金確認の際にも役立ちます。

登録が済んでいない場合には登録の注意喚起がされるので、忘れる心配はありません。

事前にあると役立つ「評価」

「いざ出品！」となったときに評価がゼロのアカウントだと、いい商品を出品しても入札されづらいものです。**出品する前に、かならずヤフオク！で商品を落札して、評価を獲得しておきましょう（図1）。**

ヤフオク！のシステムに慣れるという意味でも、実際にいろいろな商品を落札してみるという作業は意外に重要です。その際、商品の発送に今後使うであろう封筒や梱包材などを買っておくと、一石二鳥です。

図1

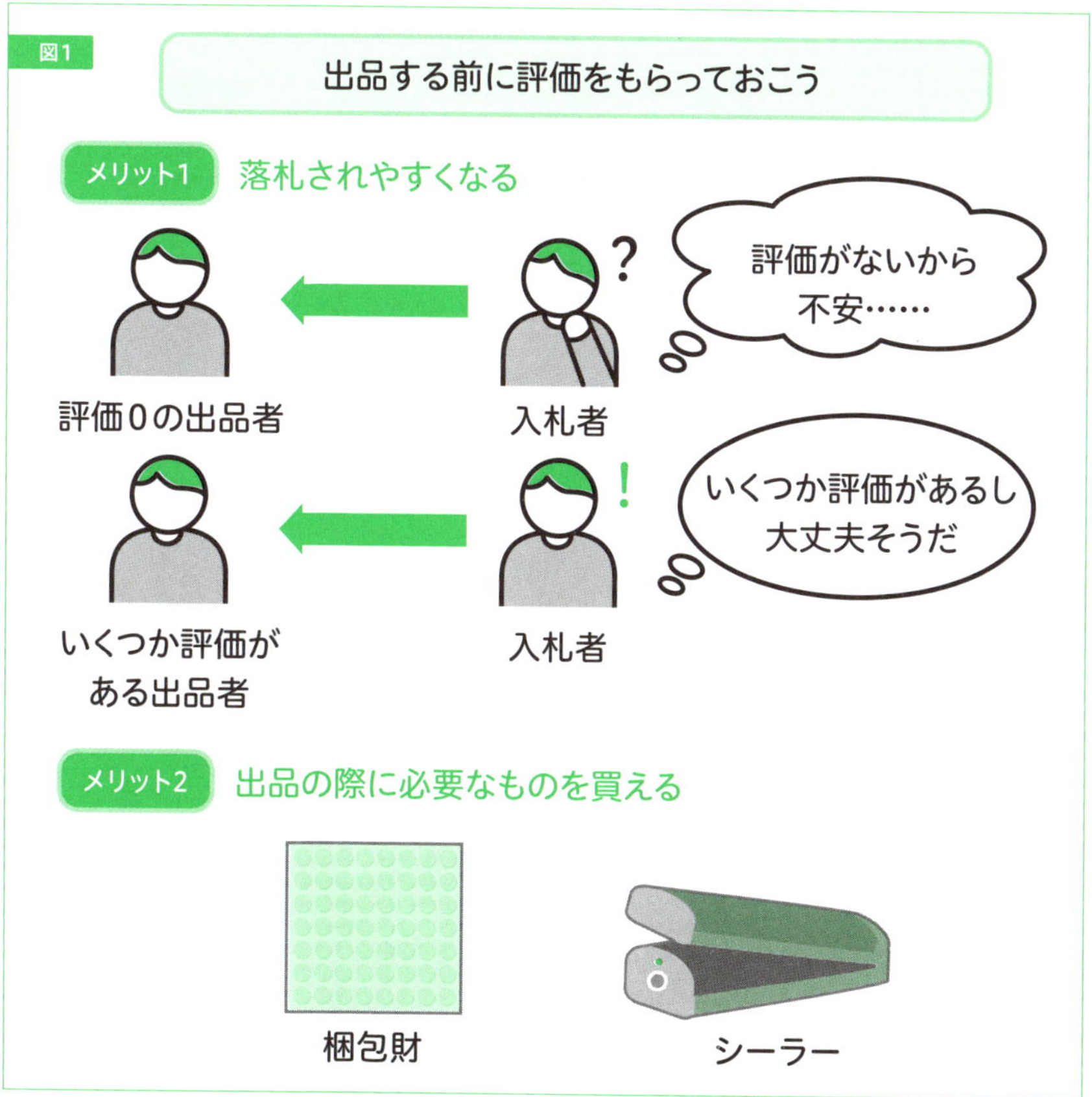
出品する前に評価をもらっておこう
メリット1
落札されやすくなる
評価がないから不安……
評価0の出品者
入札者
いくつか評価があるし大丈夫そうだ
いくつか評価がある出品者
入札者
メリット2
出品の際に必要なものを買える
梱包財
シーラー

Yahoo!JAPAN IDを取得しよう

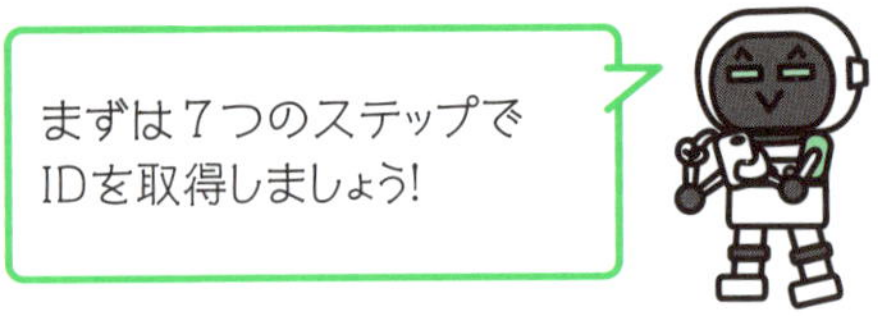
まずは7つのステップでIDを取得しましょう!

ID取得は超簡単

前の節で説明した通り、ヤフオク！を利用するにはまずYahoo! JAPAN IDが必要になります。次の手順で取得しましょう。

ヤフオク！トップページ
URL http://auctions.yahoo.co.jp/

1. ヤフオク！トップページ上部にある「IDでもっと便利に」の[新規取得]をクリックします。
2. Yahoo! JAPAN ID登録ページが表示されるので、必要事項を入力します。
3. 「文字認証」で、表示されている文字や数字を半角で入力し、認証します。
4. 利用規約やプライバシーポリシーを確認します。
5. 「同意して登録」ボタンをクリックします。
6. 登録したメールアドレス宛に送信された確認コードを入力します。
7. Yahoo! JAPAN IDの登録が完了します。

登録が完了すると、画面に

・登録したYahoo! JAPAN ID
・メールアドレス
・連絡用メールアドレス（設定した場合のみ）

が表示されます。

万が一、忘れてしまった場合にそなえて、印刷したり、メモをとっておいたりすることをおすすめします。

IDの取得は必須です

STEP1：ヤフオク！トップページへアクセス

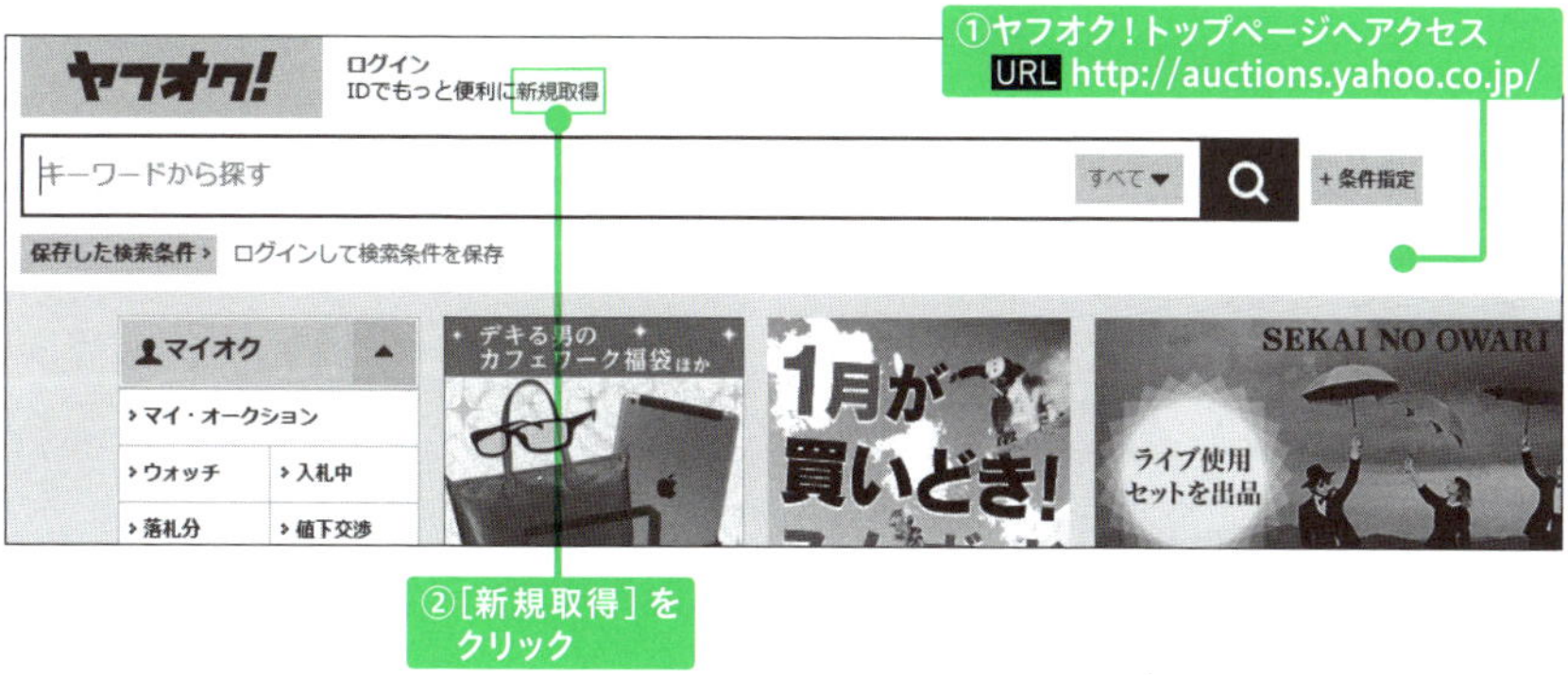

STEP2：必要事項を入力しよう

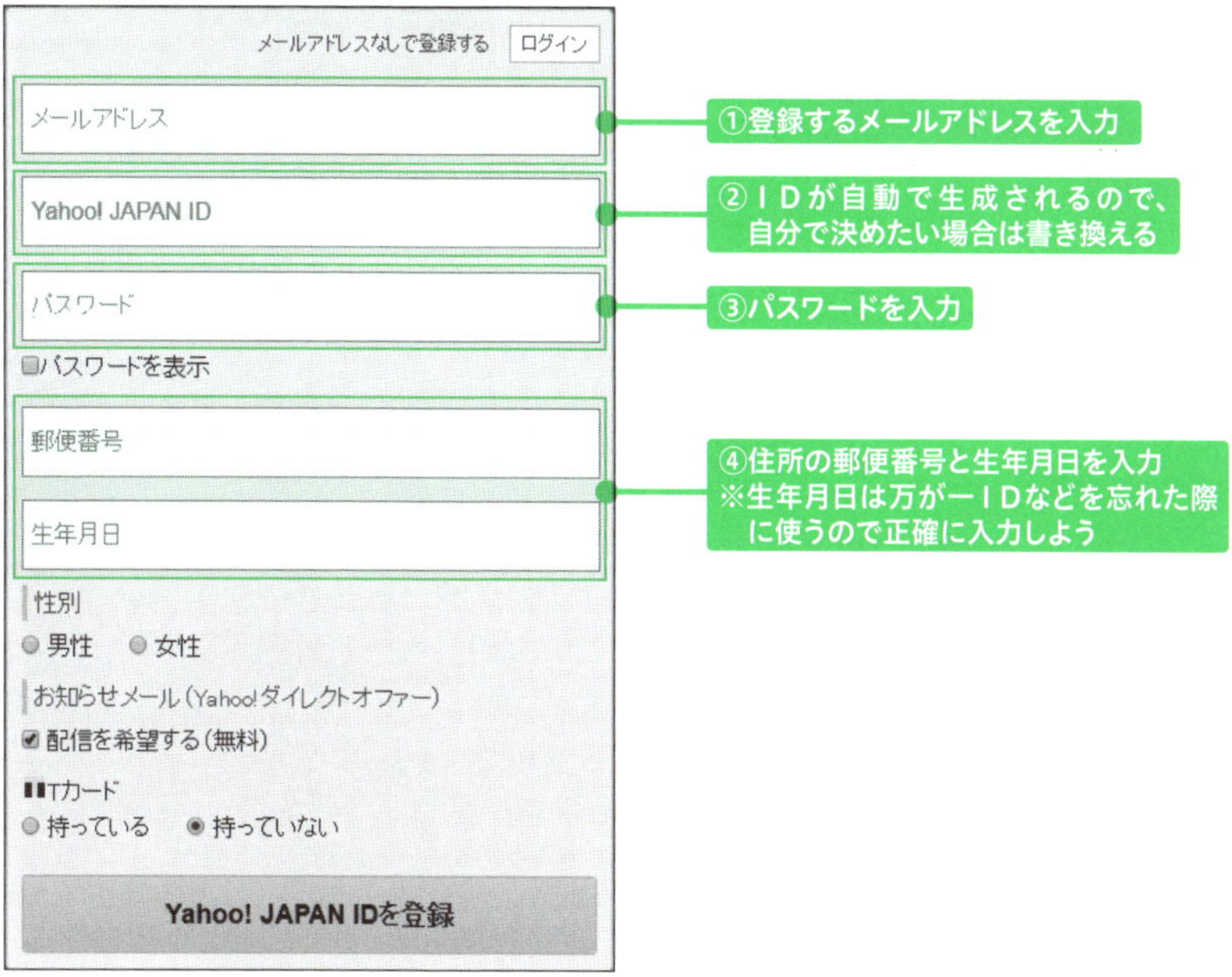

STEP3：文字認証をする

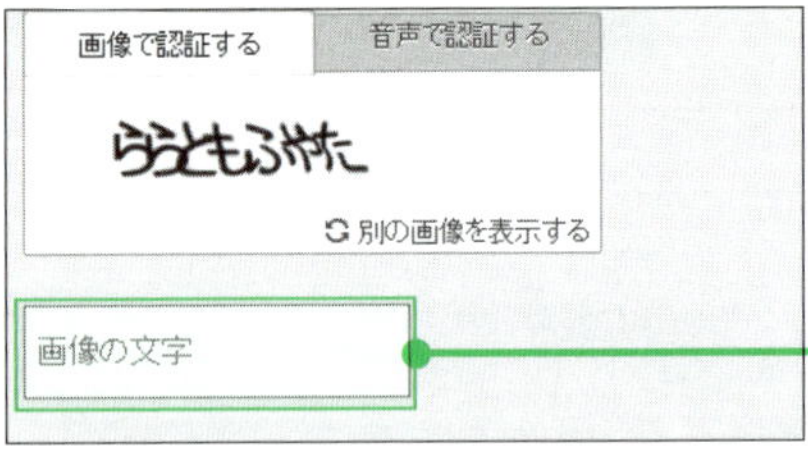

画像に表示されている文字を入力

STEP4：利用規約の確認

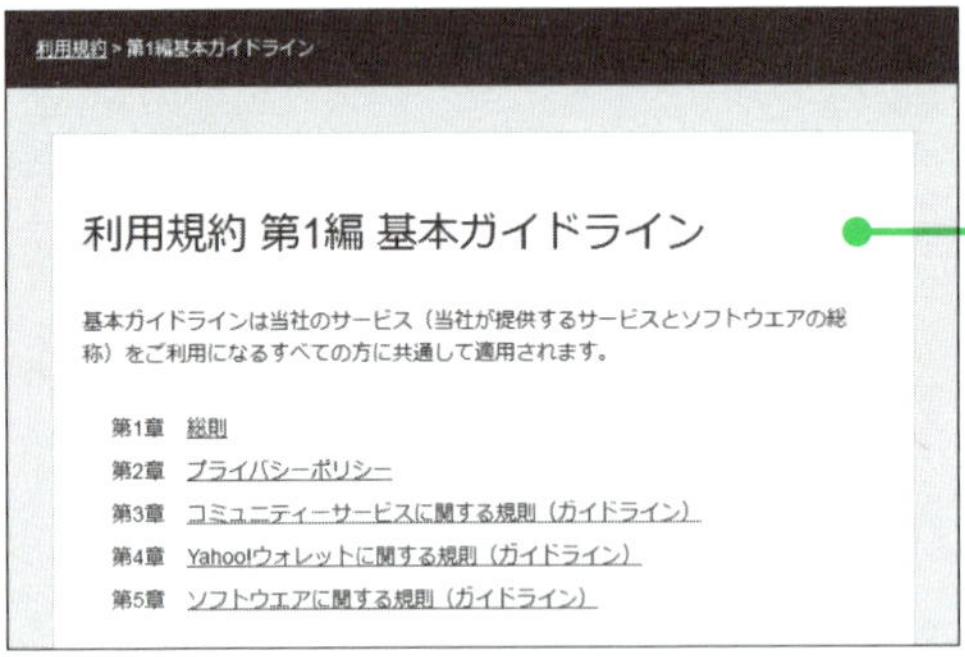

利用規約を確認する

STEP5：利用規約への同意

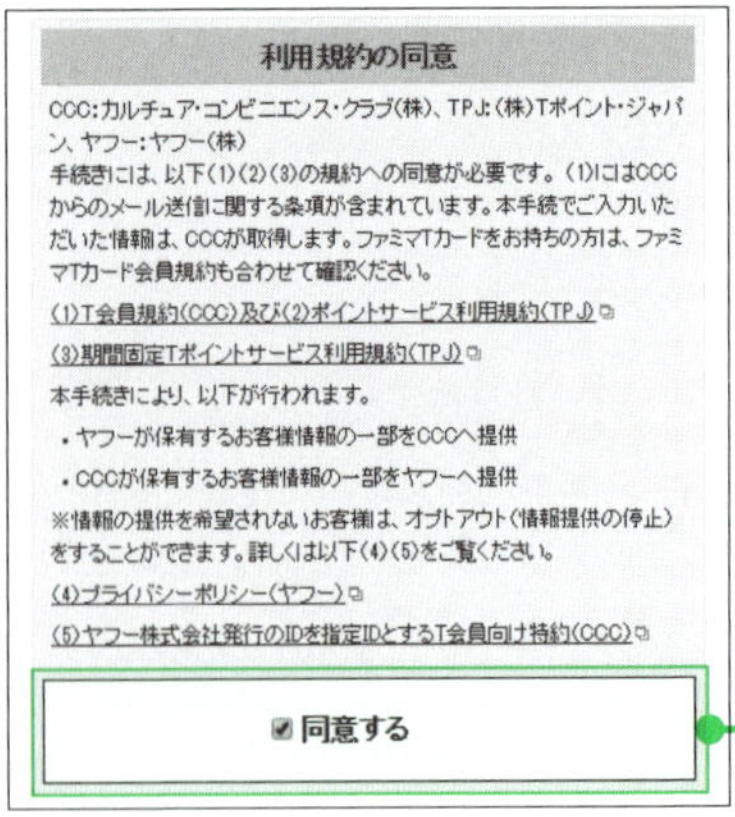

「同意する」にチェックし、クリック

STEP6：確認コードの入力

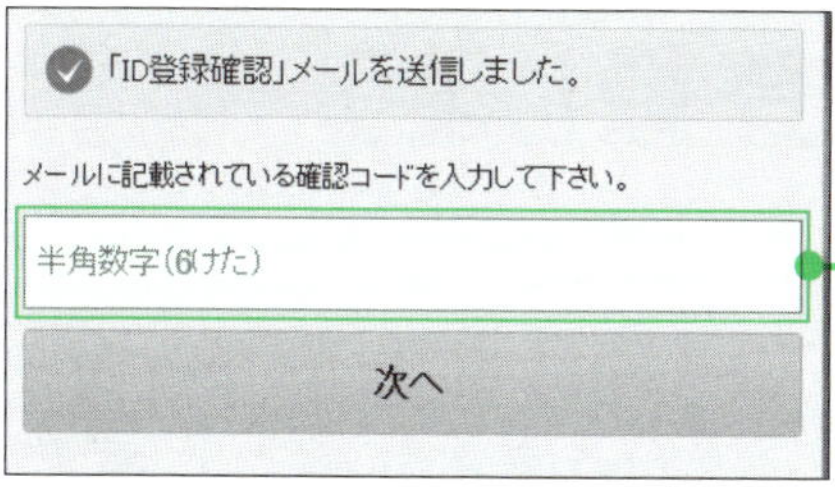

登録したメールアドレスに送信される確認コードを入力し、［次へ］をクリック

STEP7：登録完了！

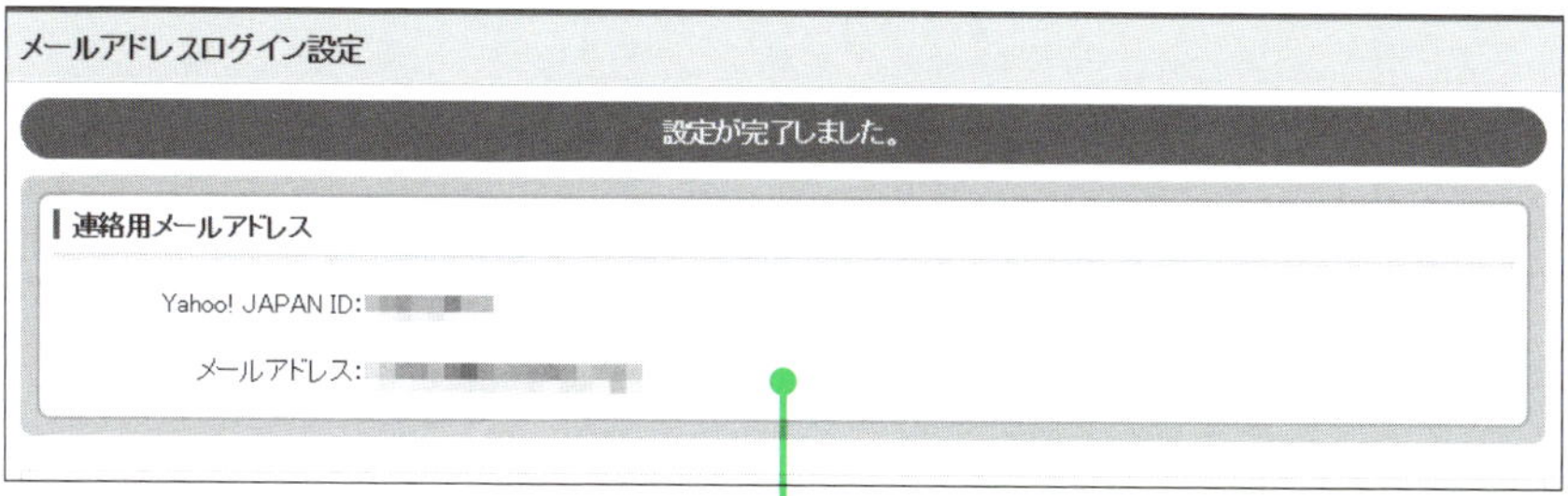

Yahoo! JAPAN IDとメールアドレスは忘れないようにメモしておく

STEP8：ヤフオク！の世界へようこそ！

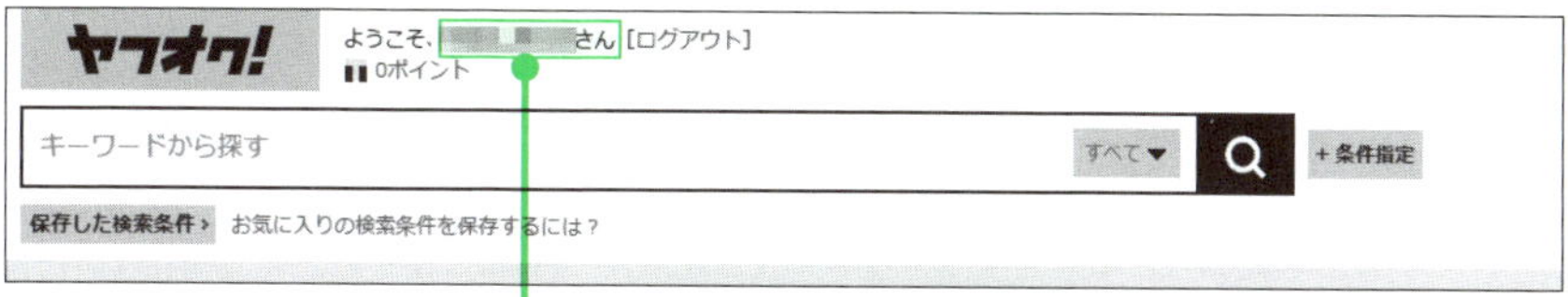

登録したIDが表示され、利用できるようになる

Yahoo!プレミアムに登録しよう

出品するにはYahoo!プレミアムへの登録が必須です

出品するには必要不可欠

Yahoo!プレミアムは、Yahoo! JAPANが提供する月額498円(税込、2017年2月現在)の有料サービスです。

登録しなくてもヤフオク!を利用することはできますが、次の機能を利用する場合にはYahoo!プレミアムへの登録が必要です。

・特定カテゴリへの入札
・出品

特定カテゴリとは?

「出品ができない」というのはわかりますが、「特定カテゴリへの入札」というのは疑問に思いますよね。

特定カテゴリとは、次のような商品のことを指します(図2)。

・乗用車の中古車や新車の車体
・トラックやダンプ、建設機械
・バスやキャンピングカー
・オートバイの車体
・船体

ふつうにヤフオク!を使っているぶんにはあまり関係のない商品ですね。

要するに、Yahoo!プレミアムに登録するのは、基本的に出品を可能にするためです(もちろん、特定カテゴリへの入札をするのもOKですが)。

Yahoo!プレミアムの登録方法

Yahoo!プレミアムへ登録する場合、まずはヤフオク!で利用したいYahoo! JAPAN IDでログインします。Yahoo!プレミアムのページを表示し、[Yahoo!プレミアムに会員登録する]を選択し、画面にしたがって登録してください(図3)。

Yahoo!プレミアムトップページ
URL http://premium.yahoo.co.jp/

利用料の支払も手間なし

Yahoo!プレミアムの利用料は

Yahoo!ウォレットに登録した支払方法で支払うので、いちいち振り込む手間もありません。ただし、本人が解除手続きをおこなわないかぎり、料金は自動的に支払われてしまうので、利用をやめる場合は注意しましょう。

図2

特定カテゴリの商品

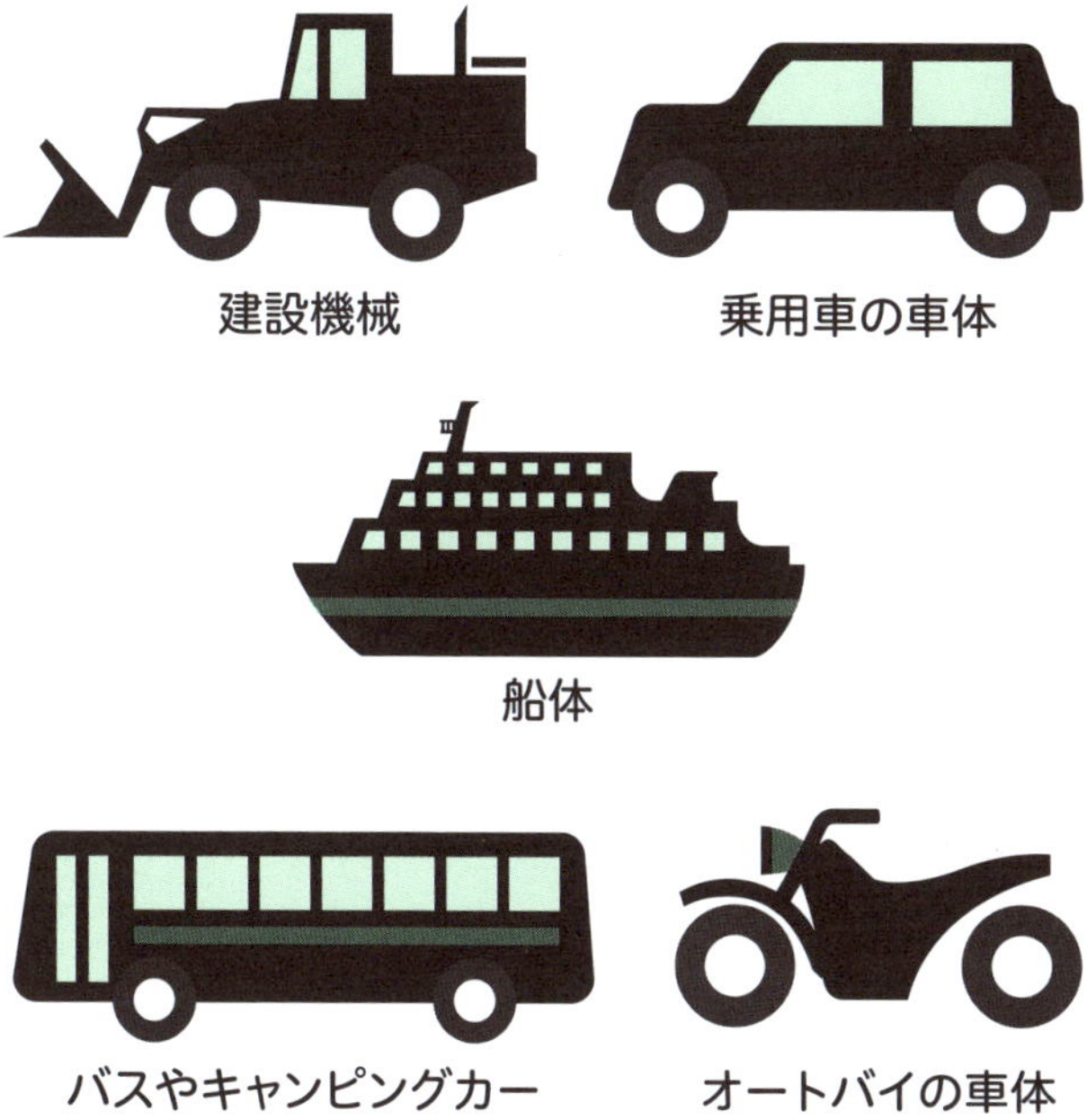

図3

Yahoo!プレミアムの登録画面

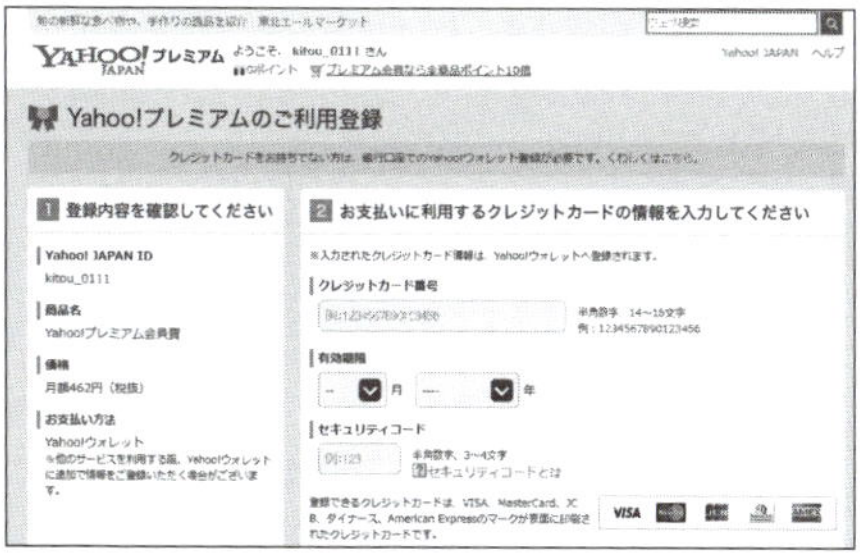

自己紹介の書きかた

誠実さを感じてもらえるような自己紹介を書きましょう！

最も重要な自己紹介

アカウントの登録が完了したら、いよいよ商品の取引を開始しましょう！

……と、いいたいところですが、その前にやることがまだあります。そのうちの1つが「自己紹介」です。ヤフオク！における取引では、相手が見えないため、取引に不安をおぼえる人が多いのが実情です。そこで、評価内容や評価数も重要ですが、最も重要なのが自己紹介なのです。

評価頼みはキケン

なぜなら、評価とは結局は取引相手が決めることだからです。中には、いいがかりのような悪い評価をするアカウントも多く存在します。自己紹介をしっかり書いておけばそうしたクレームじみた評価に左右されることもなく、信頼につながります。

なので、**「この出品者となら取引しても安心だ」という誠実さを感じるような自己紹介文を書きましょう。**

とはいえ、いきなり自己紹介を書けといわれても、なにを書けばいいのか迷ってしまいますよね。とりあえず、次のようなことを書いておけば、まちがいありません（図4）。

①新規もOK！

ヤフオク！のユーザーの中には本書を読んでいる人のように、はじめて取引をするユーザーも多くいます。そうした人たちは、「自分が落札してもよい商品なのかな？」と気にしがちです。こうした不安をなくすという意味でも、「**新規の人も歓迎です！**」といったメッセージを入れておくと効果的です。

②落札後の取引について

ヤフオク！におけるトラブルは、落札後の入金や発送のときに起こるものがほとんどです。

たとえば、落札者が落札後にすぐ発送してほしいときに、出品者の都合で発送が遅れてしまった場合や、落札者が利用したい入金方法に出品者が対応していない場合などにトラブルは発生します。

　こうしたトラブルを未然に防ぐためにも、落札後の発送方法や決済方法については、自己紹介に書いておくことをおすすめします(発送方法や決済方法についてはChapter3でくわしく紹介します)。

自己紹介を書くには

自己紹介を書くには、登録したYahoo! JAPAN IDでログインしたあと、「マイオークション」→「オプション設定」→「自己紹介の編集」とすすみます。

　自己紹介のコメントを入力する欄が表示されるので、ここに自己紹介文を入力していきましょう。

自己紹介はこまめに更新しよう

自己紹介文は何度でも修正が可能です。多くの取引をしていく中で、「この自己紹介はいいな」と思うようなものがあったら積極的に真似して、より信頼される自己紹介になるようにバージョンアップさせていきましょう！

図4 自己紹介に書くべきこと

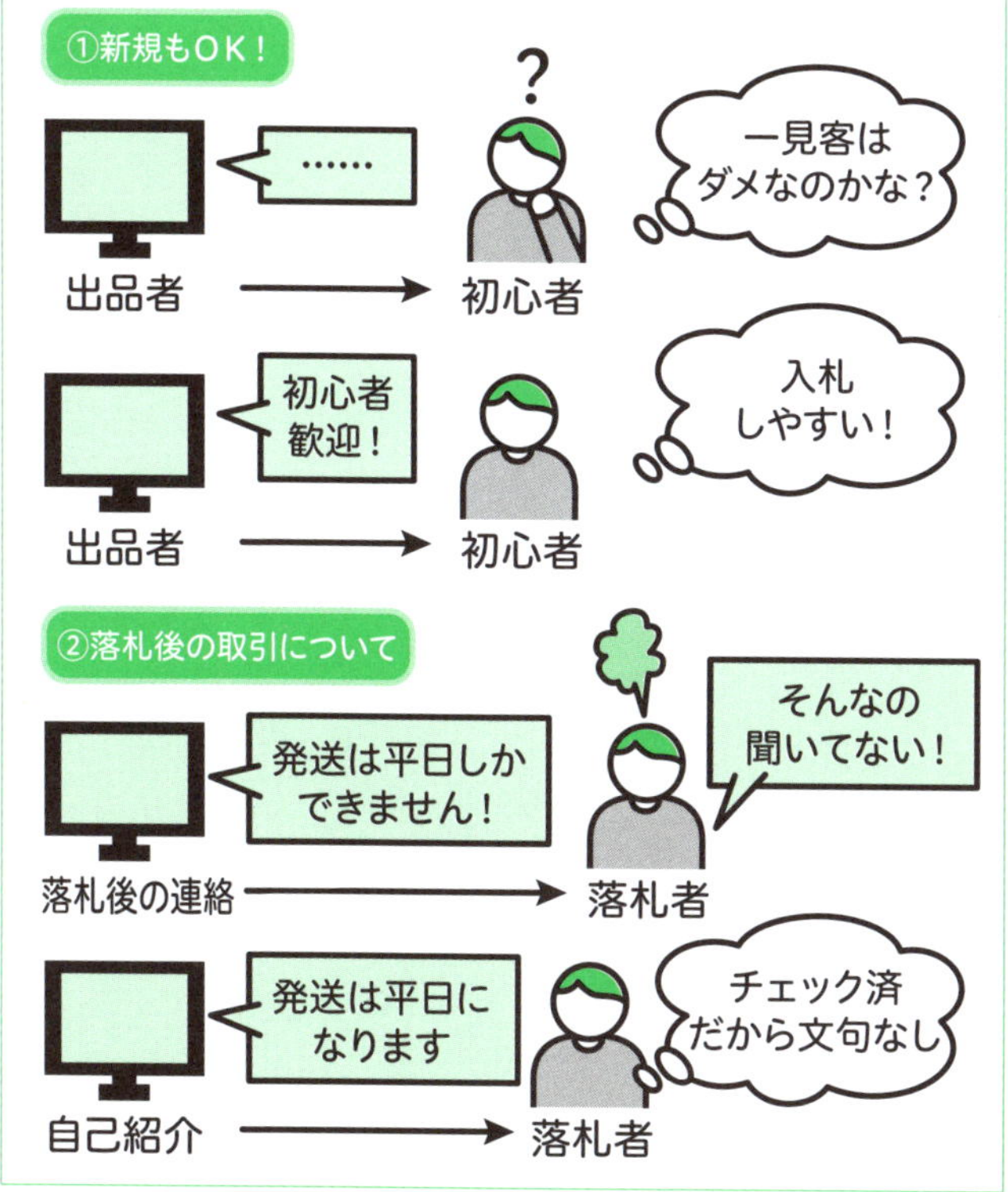
①新規もOK！
……
一見客はダメなのかな？
出品者
初心者
初心者歓迎！
入札しやすい！
出品者
初心者
②落札後の取引について
発送は平日しかできません！
そんなの聞いてない！
落札後の連絡
落札者
発送は平日になります
チェック済だから文句なし
自己紹介
落札者

入札してみよう

出品する前に入札することで、いろいろなことが見えてきます

経験すればしくみがわかる

ヤフオク!のシステムに慣れるためには実際に入札してみるのが一番です。経験値を上げるという意味でも重要な作業ですが、なぜ、ヤフオク!が人気なのかが理解できるはずです。

それに、なんといっても、入札するだけならタダです。もちろん、ほしい商品があれば落札までこぎつけるのもOKですよ!

入札までにすること

商品の検索

まずは商品を検索します。ほしい商品が見つかったら、写真や商品の情報を確認しましょう。現在の価格や、すでに入札している人がいれば、その数がわかります。

質問は積極的に!

商品に関することや送料、支払方法など、**少しでも気になることがあるときには積極的に出品者に質問してみましょう。**自分が出品した際、どのように質問へ答えればいいかの勉強にもなります。

出品者の評価も確認し、問題がなければ、いよいよ入札です。

いよいよ入札!

入札に際して難しいことは、いっさいありません。「入札する」ボタンをクリックし、入札したい金額を入力し、「ガイドラインに同意して入札する」をクリックするだけで完了です（図5）。

経験を積むのが大事!

図5

入札は簡単！

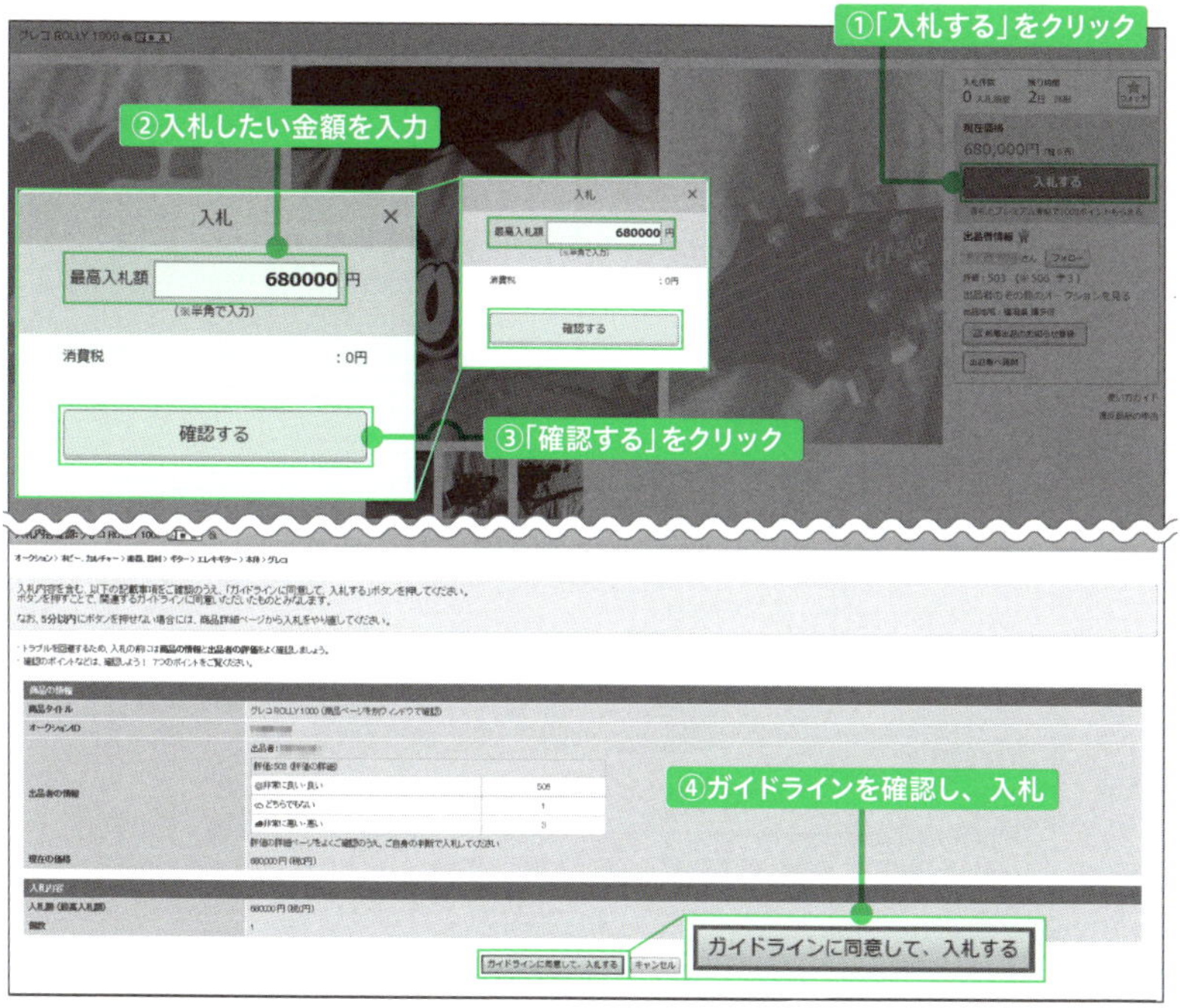
①「入札する」をクリック
②入札したい金額を入力
入札
最高入札額
680000 円
（※半角で入力）
消費税
：0円
確認する
③「確認する」をクリック
④ガイドラインを確認し、入札
ガイドラインに同意して、入札する

表1

現在の価格	入札単位
1円～999円	10円
1000円～4999円	100円
5000円～9999円	250円
1万円～4万9999円	500円
5万円～	1000円

入札単位

すでに入札者がいるオークションに入札する場合には、現在の最高入札額を上回る金額で入札する必要があります。その際、最高入札額に上乗せするのに必要な最低金額を「入札単位」と呼びます。

入札単位は現在の価格により、自動で決まります（表1）。

入札した商品の値動きをチェックしよう

値動きのチェックは出品するときの参考にもなります

ヤフオク！は自動入札

ヤフオク！の入札は「自動入札方式」でおこなわれます。

　自動入札とは、予算の上限（最高入札額）をあらかじめ入力しておくと、その上限までの金額であれば、ほかのユーザーが自分より高い金額で入札した場合でも、自動的にさらに高い金額で入札してくれる便利な機能です。

　自動入札に必要なのは、入札する際に「予算の最高額」を入力しておくことだけ。それ以外の設定は不要です。

　また、入札額が上がり「入札単位」が変化した場合でも、それにしっかり対応してくれます（図6）。

図6　とっても便利な自動入札

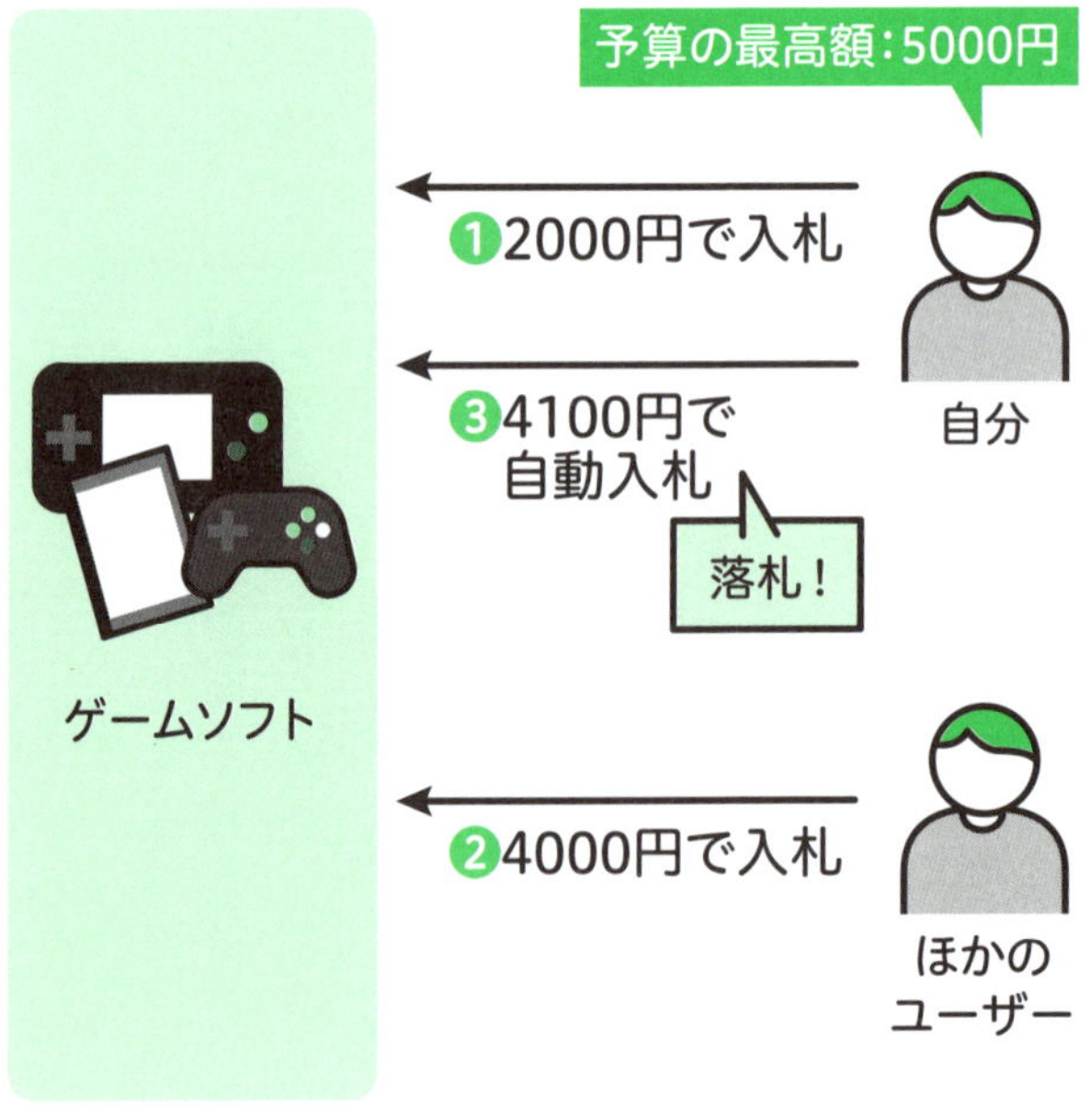

自動入札でも値動きのチェックは必要

「自動入札をしてくれるのであれば、わざわざ商品の値動きをチェックする必要はないんじゃないの？」と思う人もいるでしょうが、実はまちがいです。

なぜなら、当然ながら自動入札がされるのは、「自分が設定しておいた金額」までで、それを上回る入札がおこなわれるケースも多々あるからです。

また、**こまめに入札した商品の値動きをチェックすることは、出品する際の参考になります。**「この商品に対して、これくらいの金額までなら入札がおこなわれるのか」ということがわかれば、出品する際の価格設定の勘所をつかめるのです（図7）。

図7

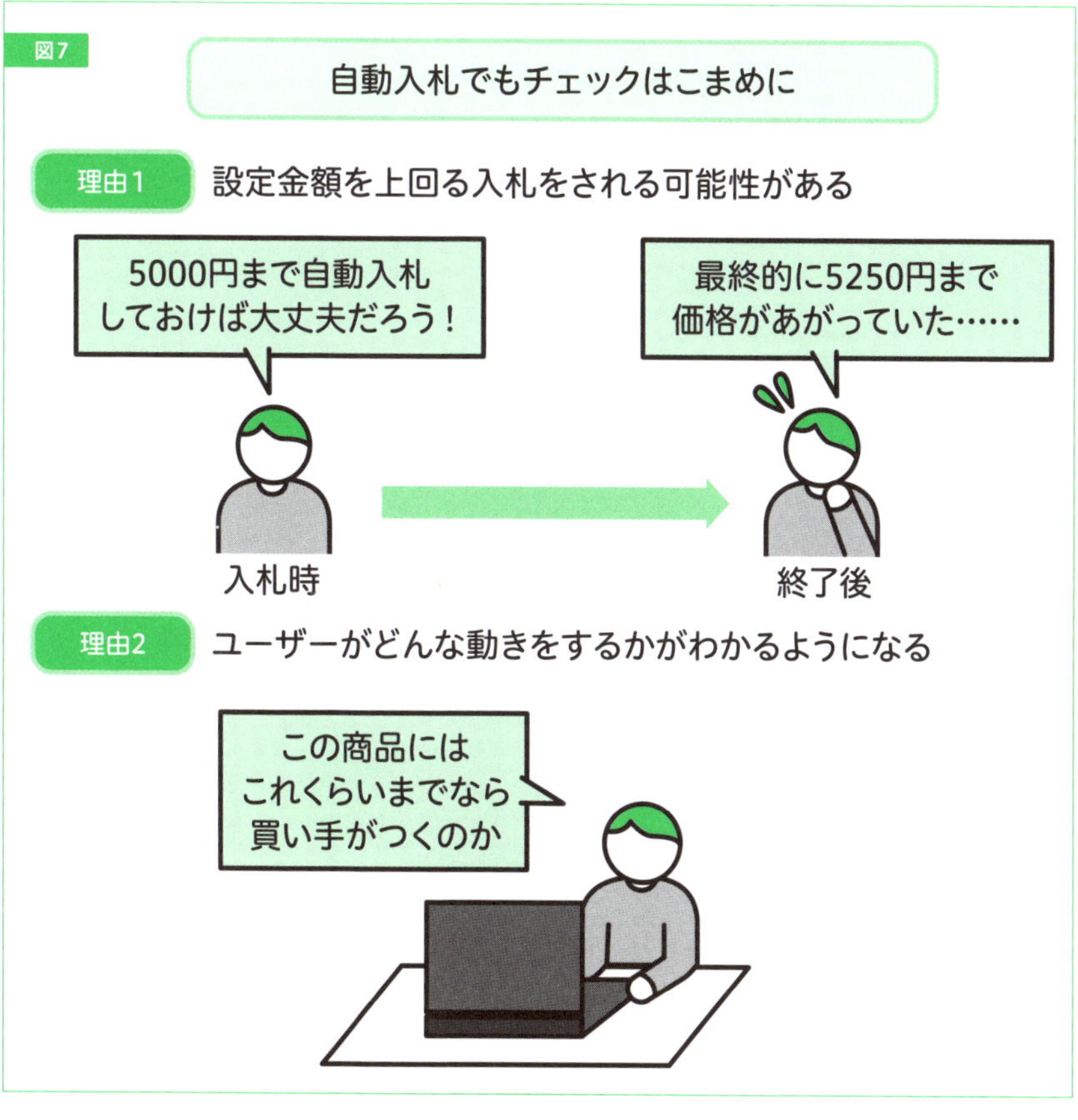

自動入札でもチェックはこまめに
理由1
設定金額を上回る入札をされる可能性がある
5000円まで自動入札しておけば大丈夫だろう！
最終的に5250円まで価格があがっていた……
入札時
終了後
理由2
ユーザーがどんな動きをするかがわかるようになる
この商品にはこれくらいまでなら買い手がつくのか

チェックはどのようにすればいい？

値動きのチェックは、「マイオークション」の「入札中」の画面でおこないます。入札している商品の現在の状況がここで確認できます。

自分より高い価格で入札した人が現れるとメールやアラートでお知らせが届きます。

また、自分よりも高い金額の入札をされると「入札中」の一覧に「高値更新されています」という表示がされます（図8）。

該当するオークションの商品を落札したい場合は最高額入札者になるように、金額を上げて再入札しましょう。

図8

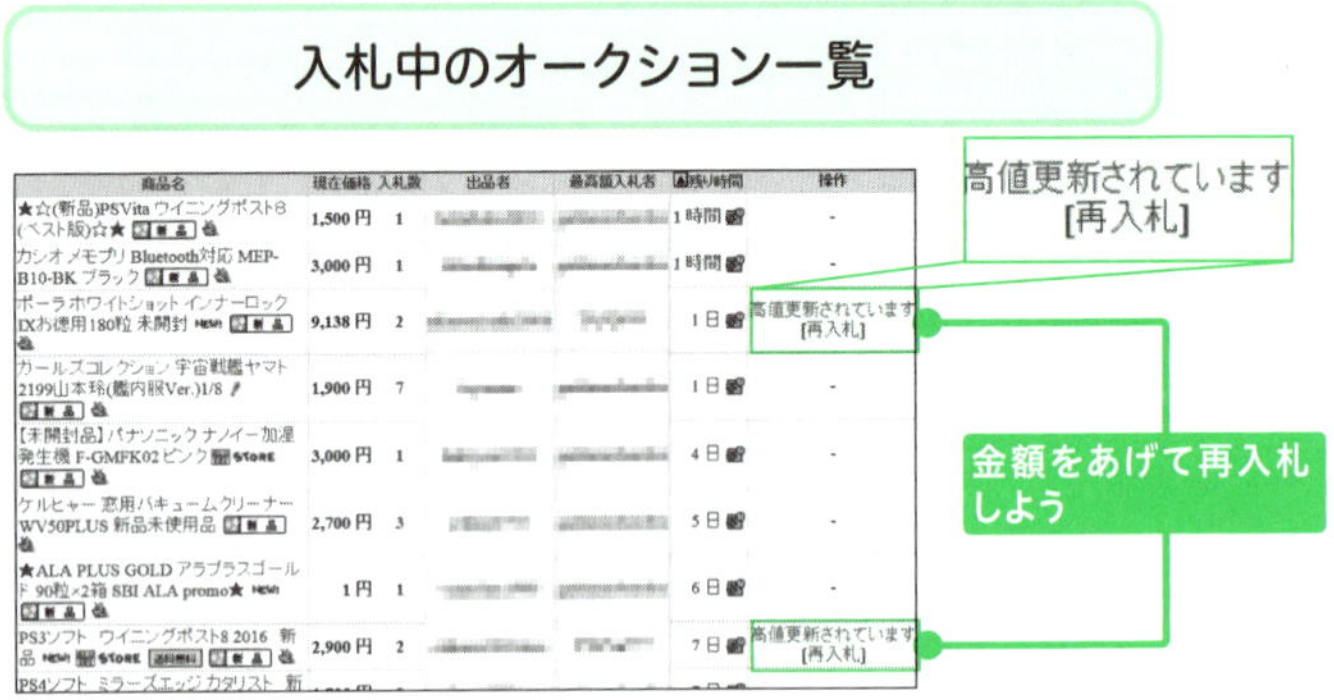

引き際もカンジン

入札した商品の値動きを見ていて、高値が更新されるとついついその動きに乗っかってダラダラと入札し続け、落札したはいいものの、当初予想していた金額を大幅に上回ってしまった、というミスが初心者にありがちです。

いくらその商品がほしいからといって、冷静さを失ってしまうのは禁物です。

ヤフオク！は、日本で最もユーザー数が多いオークションサイトなので、数日もすればきっとまた同じ商品が出品されます。

商品に入札する際には、このことを肝に銘じて、決して冷静さを失わず、引き際を見誤ることがないようにしましょう。

Chapter 2
出品のコツをつかもう

- 出品は超簡単!
- 売れる商品を見つけるには
- 不用品を出品してみよう
- 最適な出品期間は?
- 自動延長の設定は忘れずに
- ヤフオク!のルールを知っておこう
- 出品できない商品は?
- 取引をスムーズにすすめるために

出品は超簡単！

ここからは実際に出品する際のアレコレを説明していきます！

まずはカテゴリを決める

ヤフオク！への出品はとっても簡単です（図1）。

まずは、出品したい商品のカテゴリを決めていきましょう。

ヤフオク！のトップページへアクセスして、［出品］ボタンをクリックします。そうすると、「出品・カテゴリ選択」という画面が表示されるので、これから出品する商品に最適だと思われるカテゴリを選択していきましょう。

クリックするたびに、選べる項目が少なくなっていきます。出品する商品に最も適したカテゴリまですすんだら、［このカテゴリに出品］をクリックしましょう。

検索するのが便利

適切なカテゴリがわからない、または見つけられないといったときには、ヤフオク！のトップページから、出品したい商品をキーワード検索するのをおすすめします。

出品に適したカテゴリがある程度わかり、時間の短縮にもなります。

具体的な出品作業

タイトル・商品説明の入力

ここからは、具体的な出品の作業を説明します。

カテゴリを決めたら、次はタイトルや商品説明を入力していきましょう。落札されなかった場合に繰り返し出品することも考えて、毎回画面に直接入力するのではなく、事前に文章を用意しておき、コピペするとよいでしょう。

画像のアップロード

続いて、商品画像をアップロードします。［画像登録画面へ］をクリックし、自分の画像フォルダを開きます。アップロードしたい画像を選択後、［確認する］をクリックし、特に問題がないようなら［終了して戻る］をクリックし、完了です。

●そのほかの事項の入力

あとは、商品の価格や落札された際に使う銀行口座などの空欄を入力するだけです。

すべての項目にまちがいがないかどうかを確認し、［確認画面へ］をクリックし、入力内容をもう一度しっかり、慎重に確認します。

万が一このときにまちがいがあれば、［修正する］で前の画面に戻り、修正してください。

出品する際の価格などは、まちがえてしまうとそのまま落札されてしまう場合もあるので、入念にチェックします。

まちがいがなければ［利用規約とガイドラインに同意して出品する］をクリックし、出品が完了します！

図1

出品に必要なのはこれだけ

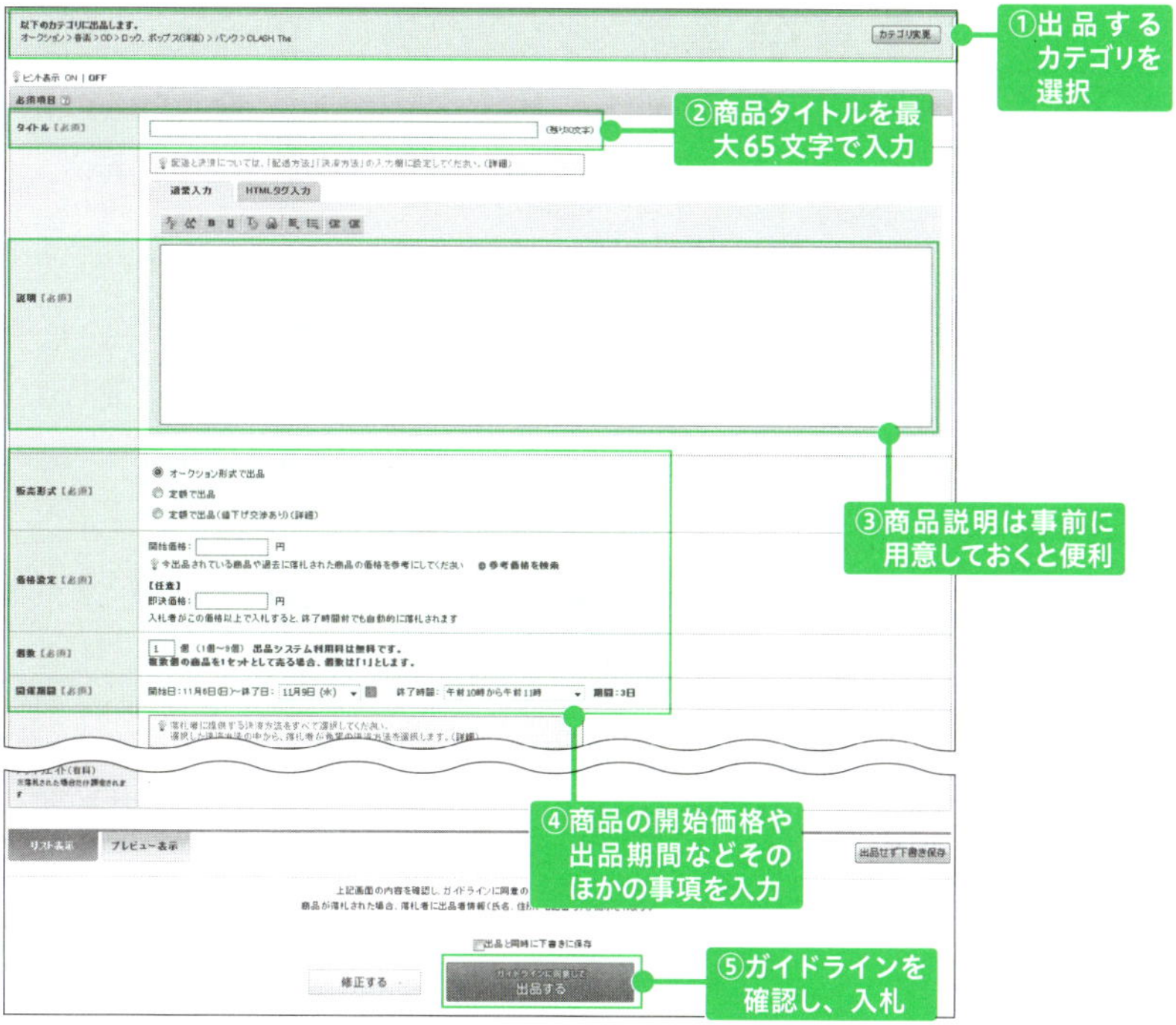
①出品するカテゴリを選択
②商品タイトルを最大65文字で入力
③商品説明は事前に用意しておくと便利
④商品の開始価格や出品期間などそのほかの事項を入力
⑤ガイドラインを確認し、入札

売れる商品を見つけるには

相場のチェックを習慣化することが大事です

ヤフオク!でなにを売る?

ヤフオクでなにを売ればいいか。実際にはじめてみてからも、悩ましい問題ですよね。

筆者は、こうした質問に対して常に、「売れる商品を売ればいいんだ」ということをアドバイスしています。「そんなこと当たり前だろ!」と思われそうですが、当たり前のことこそが稼ぐコツなのです。ただ、「売れる商品」といっても時々によって変化します。したがって、売れている商品を徹底的に探すこと、常にデータを収集することが基本です（図2）。

売れる商品の見つけかた

①ほかの出品者を参考にする

ちなみに、ヤフオク!では誰がどんな商品を出品しているかをすべて見ることができます。これを活用しない手はありません。自分と同系列の商品を出品している人を探し出し、評価を見てみましょう。

ほかにも、「よい評価が多い出品者は儲かっているのではないか?」と推測し、出品商品を見ていくと、売れる商品を簡単に発見できます。カンニングともいえる方法ですが、儲かる商品を簡単に見つけられるので、とってもおすすめです。

②テレビや雑誌をくまなくチェック

売れる商品は、テレビや雑誌からも見つけることができます。

特におすすめなのが雑誌です。情報を入手できるだけでなく、**読み終わったらすぐに出品することで、商品に変身します。**最新号であればすぐに売れるうえ、女性向けの情報誌などは、特集しだいで定価を超えた価格で売れるときもあるので、まさに一石二鳥です。

③オークファンで情報収集

最後に、「オークファン」を利用するのもおすすめです（図3）。オークファンは、ヤフオク!だけではなく、Amazonやモバオクでの商品の販売価格の推移、落札履歴などをチェックすることができます。「これはヤフオク！で売れそうかな？」と思ったときは、積極的にオークファンをチェックしましょう。

オークファン
URL http://aucfan.com/

情報収集を習慣にする

このように、売れる商品を見つけるには、まず日ごろから相場や商品の動きを見てみる習慣をつけることが大切です。

オークファンなどで10回検索してみて1回くらい売れる商品があればOKという感じです。プロでも百発百中というわけにはいきません。気長にコツコツと繰り返してください。

図2

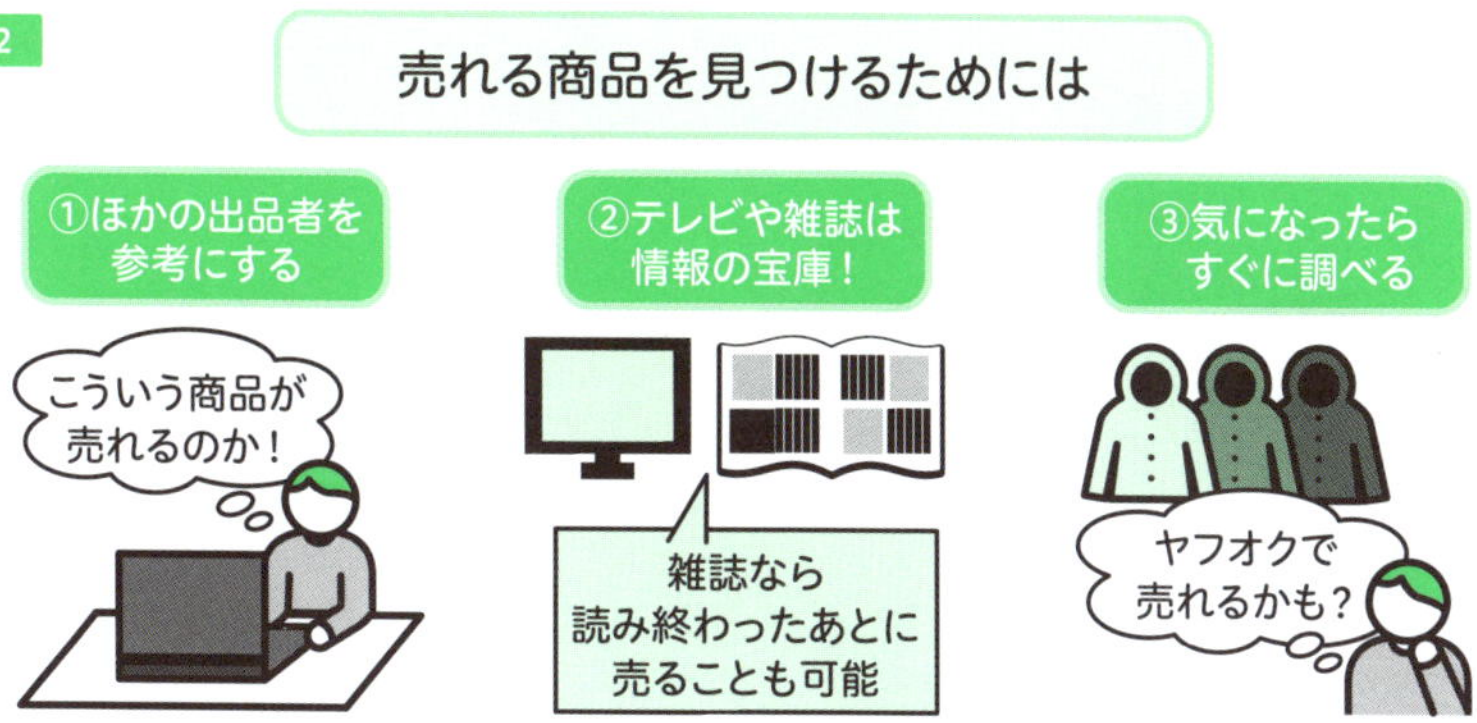

図3

不用品を出品してみよう

不要品の出品なら仕入も不要です

不要品も売れる

自宅にある不用品はこの機会に全部、ヤフオク！で売ってしまいましょう。

1年以上着ていない服や聴いていないCDなどは、もう今後使うことがほとんどないはずです。

かといって、リサイクルショップや中古店に持ち込んでも、大した値段はつきません。

しかし、そんな商品でもヤフオク！で販売してみると意外な価格で売れることも多いのです。

特に、壊れている家電、型遅れのゲーム機、機種変更して使わなくなった携帯電話などは意外に売れます（図4）。

捨ててしまうよりは絶対に得

そうしたものも、ヤフオク！では立派な商品になります。最近では、いらないものを処分するだけでも家電などであればお金がかかります。わざわざ処分代を支払ってまで捨てるのであれば、大きな利益はなくてもヤフオク！で売ったほうが絶対に得です。

練習もかねて出品してみよう

初心者の人は、まず練習の意味もかねて、前述のような眠っていた不要品を出品してみましょう。

どの道、不用品ならいくらで落札されても悔いはないはずなので、どんどん出品してください。ガイドラインに抵触しないものであれば、なんでも出品可能です（出品を禁止されている商品については、本章の「出品できない商品は？」を参照してください）。

自分の不用品で出品作業をたくさん経験して取引を繰り返しているうちに、販売方法や売れ筋の商品がわかるようになるはずです。

欲張りは禁物

不要品を出品する際に気をつける

べきことはただ1つ、「決して欲張らない」ということだけです。

いくら購入価格が高かったからといって、高い価格からしか入札できないような設定をしてしまうと、いざ出品をしたところでなかなか入札されません。かといって逆に「とにかく売りたい！」という一心から激安でスタートしても、その商品に価値がないと思われて、同じくなかなか入札されません。適切な価格を探りましょう。

いくら不要品とはいえ、見つけてすぐに出品してしまうのではもったいないです。最低限、過去に同じような商品がどのくらいの金額からスタートして、いくらで落札されたかを調査しましょう。「だいたいこれくらいの価格なら売れそうだ」という見当をつけてから出品すれば、大損することはないはずです。

図4

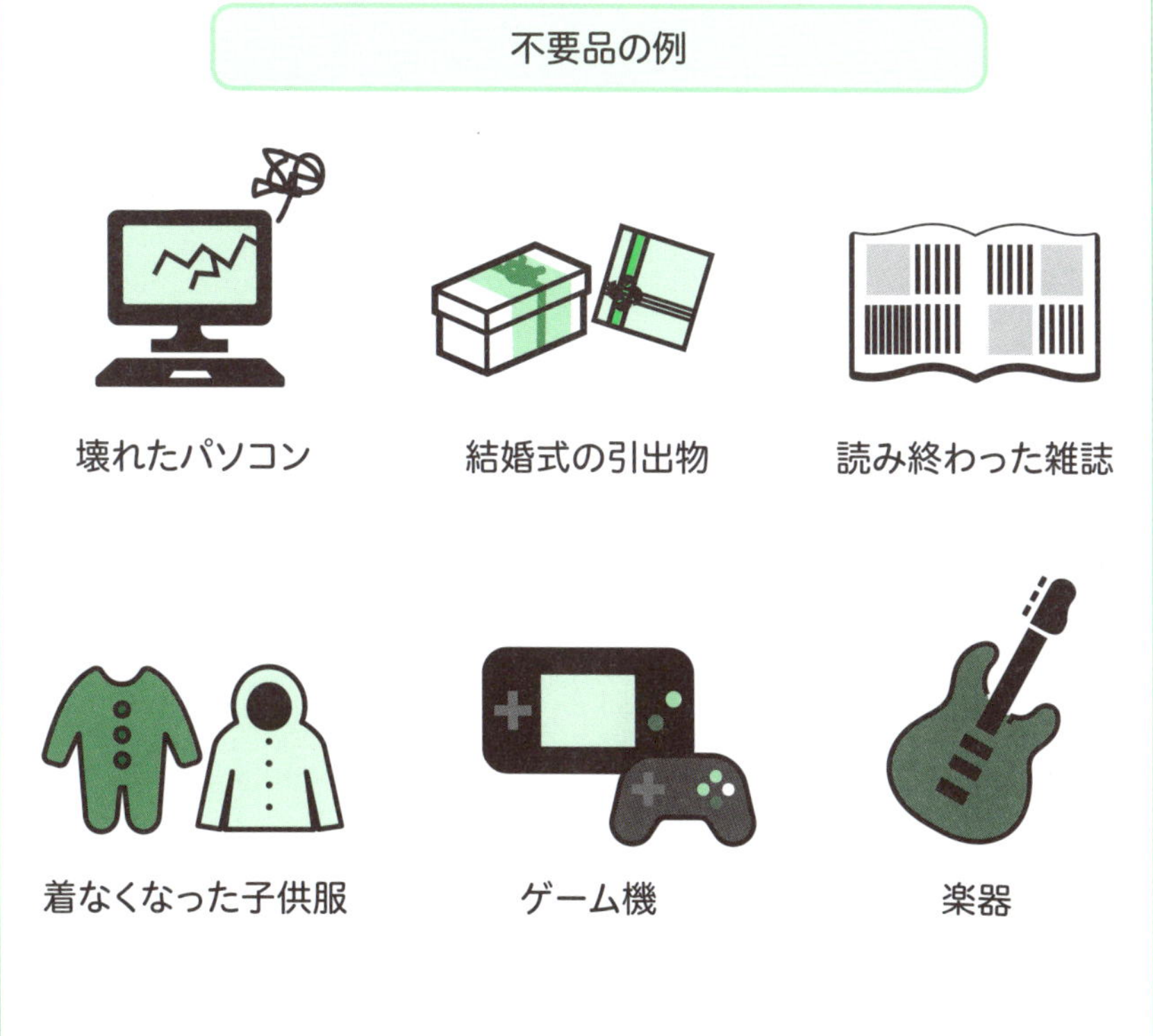

最適な出品期間は？

ヤフオク!では最短で12時間、最長で7日までの出品期間を設定できます

おすすめの設定は短期間

出品期間は商品によって柔軟に使いわけるのがコツです。最短で12時間、最長で7日間の設定ができますが、**できるだけ短期間で出品することをおすすめします。**その中でも特に短期の設定をして出品すべき商品について紹介していきます（図5）。

特に短期間で出品すべき商品

人気の高い商品

たとえば、「絶対にほしい！」と思う人がたくさんいるような超人気商品は、短期間で出品するべきです。1円などの安い価格からスタートして、最短期間で終了するように設定するのがセオリーになります。

人気のある商品の場合、出品してから瞬時に入札されることがあり、そのスピードには出品者本人も驚くほどです。これは、ほとんどの人が一刻もはやく商品を手に入れたいと思っているからです。

イベントなどのチケット

開催間近なイベントのチケットなどは、開催日を過ぎてしまうと価値がなくなります。出品期間を短めに設定し、**開催日の前に確実に届くような日程で出品しましょう。**期日までに届けなくてはいけない商品の場合、入金確認までの時間もしっかり頭に入れて出品するのが鉄則です。

長期間の出品は避けよう

「最長の期間である7日に設定したほうが、露出期間も長く、検索にヒットしやすいのでは？」と考える人もいるかと思います。しかし、ヤフオク！ではほとんどの人が終了まぎわに入札してくるので、残り時間が長いと、「まだ期間があるな」と敬遠されがちです。

それに、「めちゃくちゃほしい！」という熱い気持ちのある人は、当然ほかの出品もチェックしています。短期間で終了する出品がほかにあれば、そちらにシフトし、こちらの入札合戦から撤退してしまいます。
このように、終了までの期間を長く設定することにはあまりメリットがありません。

終了日の決めかた

終了日時を土日の夜に設定すると、高額落札になりやすい傾向にあります。ここ数年、スマホからヤフオク！を利用する人が増えたとはいえ、まだまだ自宅のパソコンから利用している人が多いので、終了日は在宅率の高い時間帯をねらいましょう。

●大型連休には注意

大型連休はヤフオク！での買い物より、海外旅行やレジャーを楽しむ人が多いので、予想外にアクセス数が伸びず、高額落札にならないケースも多いので注意しましょう。

図5

出品期間のポイント

ポイント1　出品期間は短めに

ポイント2　終了日に注意

月	火	水	木	金	土	日
25	26	27	28	29	30	1
2	3 憲法記念日	4 みどりの日	5 こどもの日	6	7	8
9	10	11	12	13	14	15
16	17	18	19	20	21	22
23	24	25	26	27	28	29
30	31	1	2	3	4	5

大型連休は避ける

土日の夜がねらい目

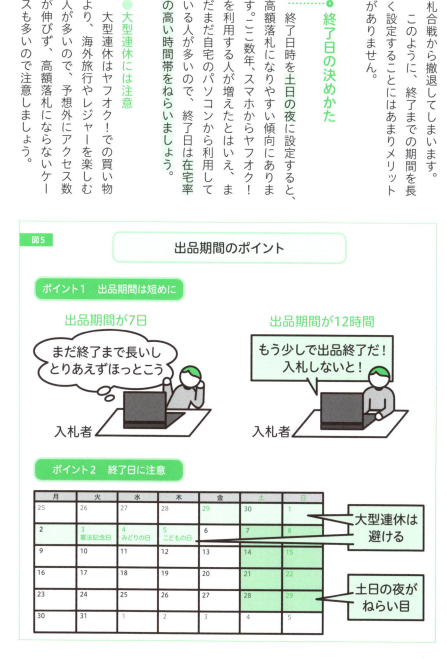

自動延長の設定は忘れずに

入札が激化する時間を自動で延長して落札価格を引き上げましょう!

より多く儲けるためには必須

ヤフオク!で出品した商品を高額で落札してもらい、ガッチリ儲けるためには「自動延長」を使いこなすことが絶対に必要です。

自動延長を設定していないと、入札の応酬になったときに出品の終了時間が延長されないので、「もっと高く売れるはずだったのに……」と悔しい思いをすることになってしまいます。

しっかりと設定しておけば、そうした事態も防ぐことができます(図6)。

自動で終了期限を延長してくれる

「自動延長」を設定したオークションは、オークション終了期限の5分前から終了までに「現在の価格」を上回る金額で入札があった場合に終了時間が5分間延長されます。

たとえば、22時00分に終了する予定のオークションで、終了3分前の21時57分に誰かが現在の価格を上回る金額で入札して「現在の価格」が上がった場合、終了時間が自動的に5分間延長され、22時05分になるのです。

以降も終了時間までに「現在の価格」が上がるとさらに5分間延長となり、最高額での入札がなくなるまで自動延長され、商品の落札価格も上昇していきます。

設定は超簡単

自動延長の設定は、出品時に「自動延長あり」にチェックを入れるだけです(図7)。

ヤフオク!で大きく稼ぐチャンスは、入札者どうしの競り合いにあります。特にレアものや人気の商品などは終了まぎわに入札が殺到して、延長、再延長と続くうちに出品した本人も驚く価格まで落札価格が上がることがあります。

この設定をしていないと、いくら終了まぎわに入札があっても終了時間にオークションが終わってしまいます。

　設定の手間もかからないのに、大きな利益を逃してしまっては、悔やんでも悔やみきれません。すべての出品商品に自動延長を設定しておきましょう。

自動延長はヤフオク！だけの機能

自動延長の機能は、世界最大のオークションサイトであるeBayなど、ほかのサイトにはない、ヤフオク！だけのシステムです。

　せっかくヤフオク！でおこづかい稼ぎをするのなら、絶対に見逃すことはできない活用するべき機能といえるでしょう。

図6　自動延長は忘れずに

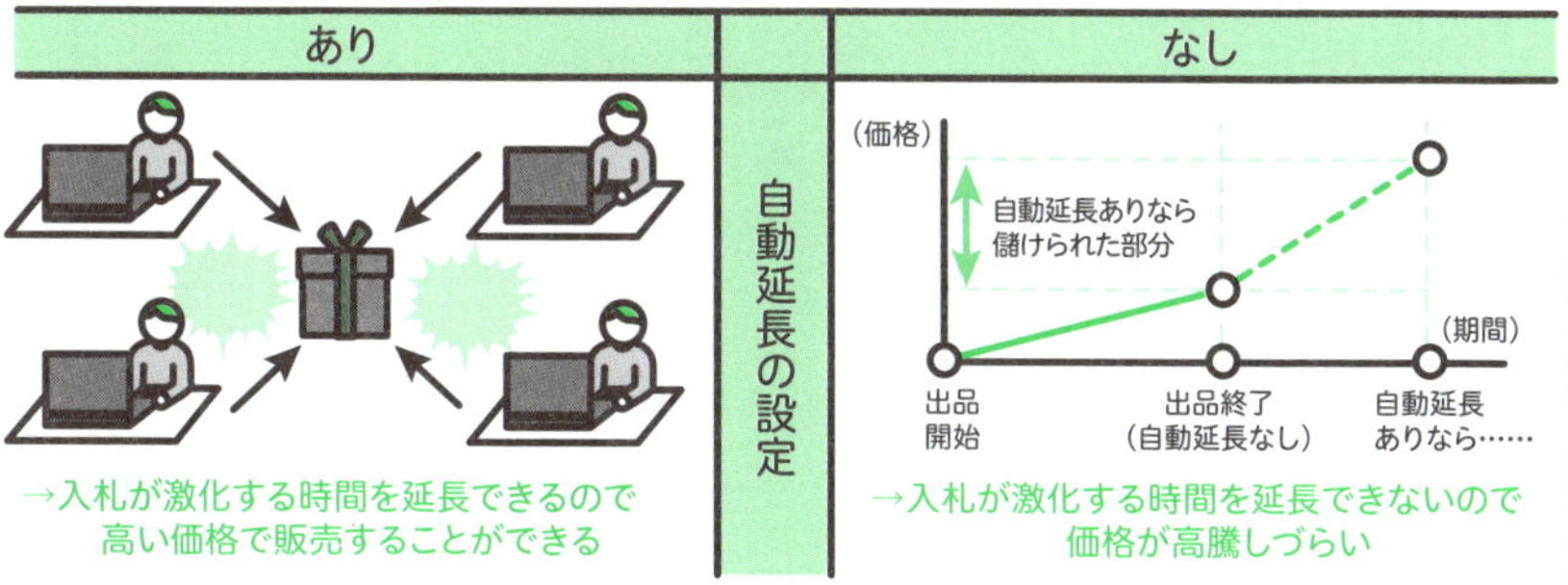
あり
自動延長の設定
なし
（価格）
自動延長ありなら
儲けられた部分
（期間）
出品
開始
出品終了
（自動延長なし）
自動延長
ありなら……

→入札が激化する時間を延長できるので高い価格で販売することができる

→入札が激化する時間を延長できないので価格が高騰しづらい

図7　自動延長の設定方法

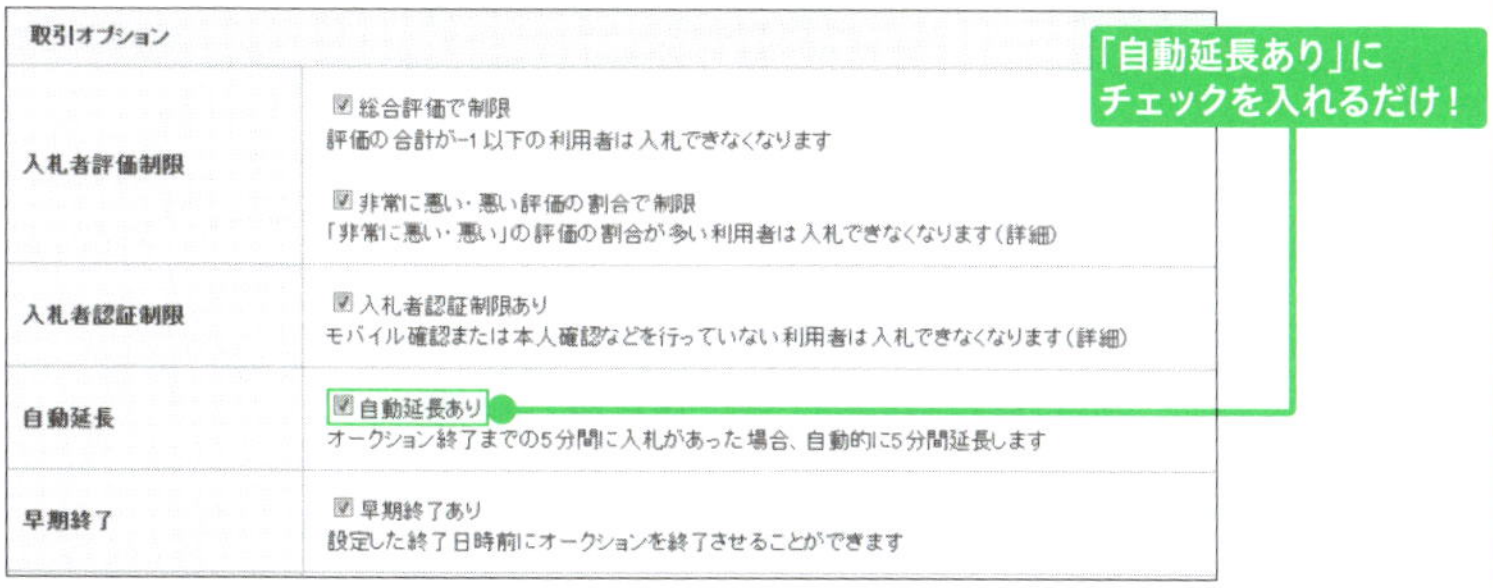
取引オプション
入札者評価制限
総合評価で制限
評価の合計が-1以下の利用者は入札できなくなります
非常に悪い・悪い評価の割合で制限
「非常に悪い・悪い」の評価の割合が多い利用者は入札できなくなります（詳細）
入札者認証制限
入札者認証制限あり
モバイル確認または本人確認などを行っていない利用者は入札できなくなります（詳細）
自動延長
自動延長あり
オークション終了までの5分間に入札があった場合、自動的に5分間延長します
早期終了
早期終了あり
設定した終了日時前にオークションを終了させることができます
「自動延長あり」にチェックを入れるだけ！

ヤフオク！のルールを知っておこう

最悪の事態になる前に
ルールを把握しましょう

IDの削除をされないために

ヤフオク！では、ガイドラインで禁止されていることをしてしまうとIDの削除、いわば「強制退会処分」になってしまうことがあります。

一度でも退会処分になると、新たにYahoo! JAPAN IDを取得するのはかなり困難です。そうした最悪の事態にならないためにも、ガイドラインはキチンと守りましょう。

ここでは、思わずやってしまう可能性の高い禁止事項を紹介していきます（表1）。

在庫が手元にない状態での出品

ヤフオク！を個人のアカウントで利用している場合、在庫がない状態での販売はできません。

ただし、例外としてヤフオク！ストア（Chapter 7の「本気ならヤフオク！ストアに切り替えよう」参照）の場合、在庫がなくても納期を明確にすれば、出品が可能です。

誤解を与えるような表示

ネットショップやオークションサイトをよく利用する人は、次のような記載を見たことがあるかもしれません。

・ヴィトン風
・エルメス激似

こういった表示は、誤解が生じる可能性がある記載として、禁止事項となっています。値段や画像をよく見てみれば、本物かどうかは容易に判断できるとはいえ、不要な誤解を生んでしまうような表示は避けましょう。

商品と関係のない情報の掲載

出品する商品と違うものの画像をアップすることや、商品ページへのアクセス数を稼ぎたいがために、商品に直接の関係がない情報をタイトルや商品説明に書くのもＮＧです。
たとえば、商品と関係がなくてもとりあえずアイドルの名前を入れるだけでアクセス数が一気にアップしますが、当然ながらガイドライン違反となります。

オークションの妨害

オークションにおいて即決価格で落札して入金しないという行為や、取引を妨害したり、出品者が不利になるような明らかに悪意のある質問をしたりするなどの行為も禁じられています。

ヤフオク！以外のシステムへの勧誘

出品した商品以外の商品を、ヤフオク！を介さずに販売するよう紹介したり、自社のサイトなどに誘導して取引をすすめたりする行為も禁止されています。おもに手数料を避けたい人が使うことの多い手口です。

まじめに取引していれば問題なし

ここまでヤフオク！のガイドラインで禁止されていることを紹介してきましたが、ふつうに取引していれば、まず大丈夫です。変なことは考えずに、まじめに、コツコツ取引していきましょう。

表1　ヤフオク！で禁止されている行為の一例

禁止行為	例や注意点
販売する意思がないにもかかわらず出品すること	広告目的などで売る気のない商品を出品することが該当
商品に適合しないカテゴリに出品すること	部品を本体として出品することが該当
予約商品以外を在庫が手元にない状態で出品すること	例外的にヤフオク！ストアの場合は可能（156ページ参照）
出品物と直接関係のない画像や単語を商品タイトルや商品説明に掲載すること	家電製品の商品説明に関係のないアイドルの名前を書くなどが該当
進行中のほかのオークションを妨害すること	「同じ商品をもっと安く販売できる」などの書き込みが該当
ヤフオク！の提供する落札システムを利用しない取引を誘引すること	質問機能で連絡先を交換することなどが該当

参照：URL http://guide.ec.yahoo.co.jp/notice/rules/auc/detailed_regulations.html

出品できない商品は？

うっかり出品してしまわないようチェックしましょう

出品する商品ジャンルにも要注意！

ガイドラインでは、出品してはいけない商品も指定されています。そうした商品を出品してしまった場合も、強制退会処分になる可能性があるので注意しましょう。前節に引き続き、思わず出品してしまいそうな商品の例を挙げます（表2）。

武器類

警棒やヌンチャク、メリケンサックなど、武器として使える可能性があるものは出品が禁止されています。最近ではコスプレ用商品としてうっかり出品してしまう人が多く、注意したいジャンルの1つです。

コピー商品

海賊版のCD・DVDなどは、いまだに数多く出品されているため、出品しても問題ないとカン違いしている人が多いようです。

記録媒体だけでなく、シャネルなどの高級ブランドの生地やパーツを使って自作したようなオリジナルの小物ケース・アクセサリーといった商品も、コピー商品とみなされる可能性があるので気をつけましょう。

レーザーポインター

国の定めた技術上の基準に適合していることを示す「PSCマーク」を写真で明示しているものをのぞき、出品が禁止されています。

携帯電話

一概に禁止されているわけではありませんが、携帯電話の中でも、次のようなものは出品できません。

- 利用制限がかかったもの
- 契約者の名義変更ができないもの
- 不正に入手されたもの

そのほかの出品禁止商品

衣類は不衛生なもの（汗や臭いがあることを強調したものなど）以外であれば基本的に出品が可能です。アダルトグッズに関しても、未使用のものであれば出品できます。

出品する前にチェックしよう

ここに紹介した商品だけでなく、ほかにもヤフオク!上で出品を禁止された物品は数多く存在します。

気づかずに出品してしまい、IDを削除されてしまうことのないように、出品前には念入りにチェックしましょう。

表2　出品が禁止されている商品

禁止商品	概要
たばこ	産地や入手経路を問わず禁止。ニコチンを含有する電子たばこも含む
医薬品	薬種にかかわらず禁止。自ら製造（他人に委託して製造する場合を含む）または輸入したものも、出品不可能
食品・食材	食品衛生法および各都道府県の条例に違反するものや個人が製造し、法令を満たしていないもの。また、ふぐなどの取扱の難しいものや賞味・消費期限が近かったり切れたりしているものも禁止
レーザーポインターおよびレーザーポインターの機能を有するもの	PSC マーク（特別特定製品証）を写真で明示しているものは出品可能
銃器、弾薬あるいは武器として使用できるもの	銃砲刀剣類所持等取締法の対象物だけでなく、ヌンチャクなども禁止
携帯電話	利用制限がかかったもの、契約者の名義変更が不可能なもの、不正に入手されたもの以外は出品可能
著作権や商標権などを侵害するもの	偽ブランド商品、コピー CD・DVD など
犯罪の手段として用いられるおそれのあるもの	盗聴器、赤外線カメラ、開錠工具など
使用済み衣類	汗や臭いがあることをうたったものなどでなければ出品可能

参照：URL http://guide.ec.yahoo.co.jp/notice/rules/auc/detailed_regulations.html

取引をスムーズにすすめるために

事前に条件を明示することでトラブルを未然に防ぎましょう!

取引前にルールを設定しておこう

ヤフオク！でトラブルが頻出するのが、落札後の入金や発送などのタイミングです。

そうしたことを未然に防ぐという意味でも、落札されてからはじめて取引の方法を連絡するのではなく、事前に決めておけばスムーズに取引を進行できます。ヤフオク！のガイドラインにしたがい、常識的で実用的な取引条件を決めておきましょう（図8）。

取引条件の例

落札者の条件

日本一のユーザー数を誇るヤフオク！には、本当に多種多様なユーザーが存在しています。中には、ふざけて入札し、その結果落札となっても、なんの連絡もせずに放置するユーザーもいます。

そうした人の返事をいちいち待っていては、ラチがあきません。

スピーディにいくつもの取引をすすめるためには、次のような条件をつけておくとよいでしょう。

- 落札から3日以内の連絡がない場合は落札者都合で削除します
- 落札から7日以内の入金がない場合は落札者都合で削除します
- マイナス評価が多い人はこちらの判断で入札を削除することがあります

入金について

少ないとはいえ、中には落札後の入金に関して、現金ではなく金券や切手などで支払ができるかを聞いてくるユーザーも存在します。

次のような注意を事前に記載し、そうした人が入札するのを防ぐのも有効です。

- 切手や金券でのお支払は不可能です
- 落札代金の支払は銀行振込とかんたん決済でのみ可能です

図8

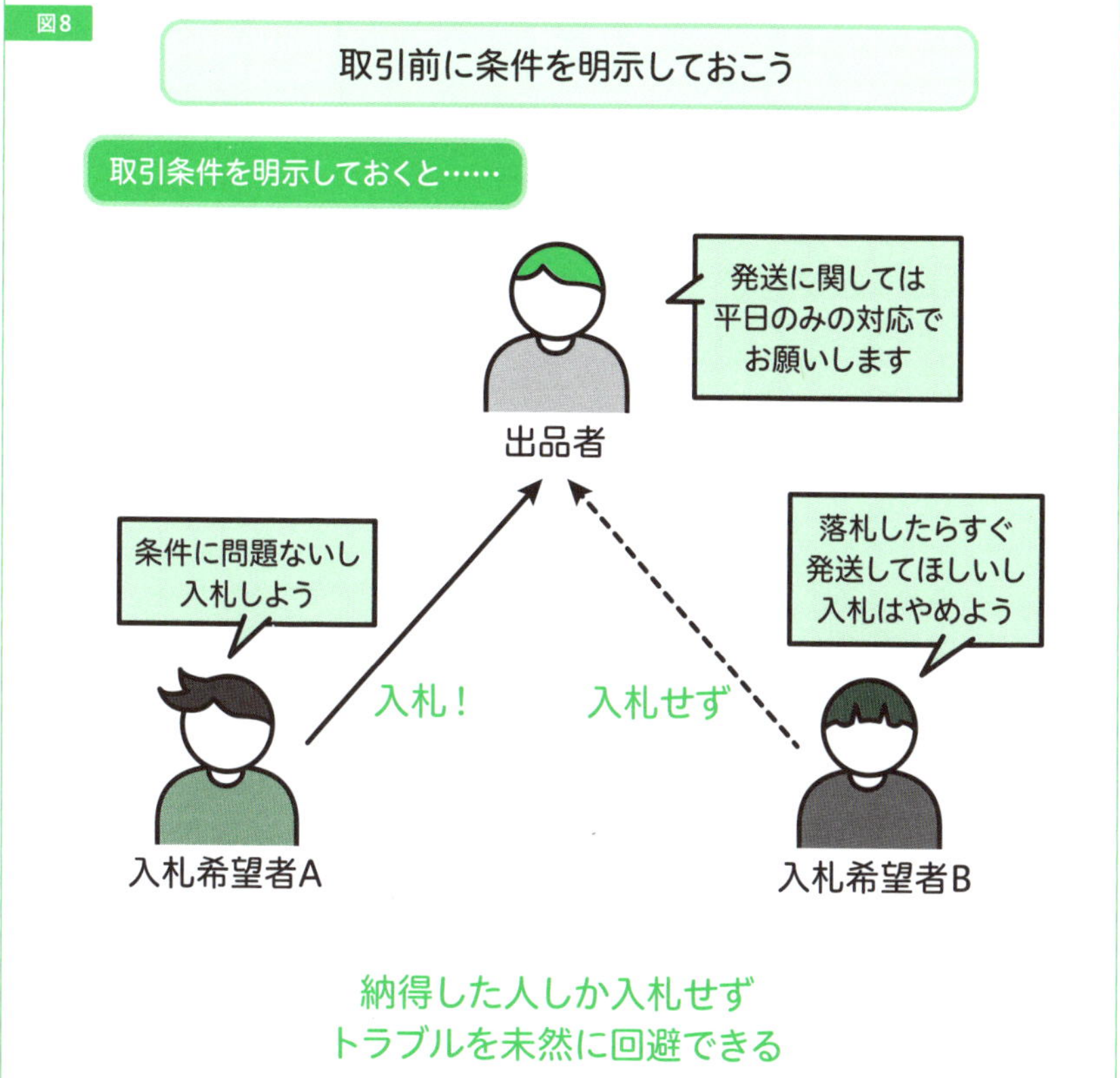
取引前に条件を明示しておこう
取引条件を明示しておくと……
発送に関しては平日のみの対応でお願いします
出品者
条件に問題ないし入札しよう
入札！
入札せず
落札したらすぐ発送してほしいし入札はやめよう
入札希望者A
入札希望者B
納得した人しか入札せず
トラブルを未然に回避できる

●発送に関する条件

落札後の取引の中でも、最も多いのが発送に関するトラブルです。特に念入りに条件を記載しておきましょう。具体的には、次のような記載が多く使われています。

・土日祝は対応不可です
・海外発送はおこなっておりません
・定形外郵便やメール便での発送を希望される場合は、未着、事故、破損などがあった場合の責任は負いかねます

最近では、ムダな送料を避けたいなどの理由で、出品者が近くに住んでいる場合などは、直接出品者のところまで商品の受取に来るユーザーも増えています。

そうしてもらえることで、「発送の手間がなくなってラッキー」と思

える人ならいいですが、女性の場合などは、知らない人が家に来るのがイヤな人も多いでしょう。

「お近くでも手渡しはいたしません」と一言を加えるなどして、事前に知らせておけば、そうしたことも防げます。

具体的な日数を書くのもアリ

また、特に最近多いのが、「商品の到着が遅かった」というクレームです。

Amazonであればプライムサービスの「お急ぎ便」、楽天市場であれば「あす楽」など、ヤフオク!以外のショッピングサイトではスピードをウリにしたサービスが一般化してきています。

インターネットで注文した商品は、はやくて当日、遅くても2日程度で手元に到着して当たり前の時代になりつつあるのです。

しかし、一般のヤフオク!ユーザーの場合、落札されたあとに普通郵便などですぐに商品の発送を手配しても、発送地と目的地にもよりますが、そこまではやく到着させることはできません。地域によっては、到着までに数日かかる場合が当然あります。

したがって、せっかちなユーザーに落札された場合などを考慮し、ざっくりとした発送条件だけを記載するのではなく、到着までにかかるであろうおおよその日数を記載しておくのも1つの手です。

自分が入札する際にも注意

逆に、自分が入札する際には、商品説明の画面などに記載されている取引条件をよく理解したうえで入札するようにしましょう。

出品者としての評価だけではなく、落札者としての評価も多くのユーザーからは意外に見られているので、不要なミスはできるだけ避けるのがベターです。

トラブルは未然に防ぎたい

Chapter 3

落札から発送まで

- 落札者が決まったらすること
- 落札後の決済方法について
- 郵便や宅配便はどれを選ぶ?
- 梱包のちょっとしたテクニック
- 発送したあとにすること
- ヤフオク!での評価について

落札者が決まったらすること

迅速な行動がよい評価をもらう秘訣です

とりあえず落札者の連絡を待つ

落札者が決まったら、まずは**商品を発送できる状態に準備をして、あとは落札者からの連絡を待つ**のが基本です。

2014年より「**かんたん取引**」という機能がヤフオク！に導入され、落札後はヤフオク！のシステムにより自動的に取引に関するメッセージが落札者に送られるため、**出品者は落札者が対応するのをただ待っているだけでOK**なのです。

落札者が対応すると、ヤフオク！からメールで連絡が来るので、そのメールにしたがい、対応していきます。したがって、ヤフオク！からのメールは見落とさないようにしましょう。

取引に慣れてしまえば、ヤフオク！からのメールを毎回熟読しなくてもテキパキと取引をすすめられるようになります。

旧出品方法にも慣れておこう

現在ではこのように「かんたん取引」が主流になりつつありますが、「かんたん取引」導入前の方法でも出品ができます（図1）。出品できる商品の種類にはかぎりがありますが、昔からヤフオク！を利用しているユーザーにはこちらの方法のほうがなじみ深いともいえるので、「かんたん取引」と旧出品方法のどちらにも対応できるようにしておくとよいでしょう。

ちなみに、2017年2月現在、旧出品方法にて出品可能な商品カテゴリは次のものです。

- 本、雑誌
- タレントグッズ
- コミック、アニメグッズ
- CD
- DVD
- 切手、官製はがき
- トレーディングカード

かんたん取引と旧出品方法の違い

かんたん取引の場合、出品者は落札者からの連絡を待つだけですが、旧出品方法の場合、「取引ナビ」を介して出品者と落札者間で直接メッセージを送りつつ、取引をすすめていきます。

こちらも難しいことはなく、落札後に、お互いの住所や電話番号、発送方法、決済方法などを伝えるくらいです。

スピーディさを大事に

連絡が済んだあとは、かんたん取引、旧出品方法、どちらもともに落札者からの入金があるまで待ちます。代金引換の場合はなるべくはやくこちらから発送するようにしましょう。

取引の間は、できるだけスピーディな対応をすることが大切です。

図1

新旧出品方法の違い

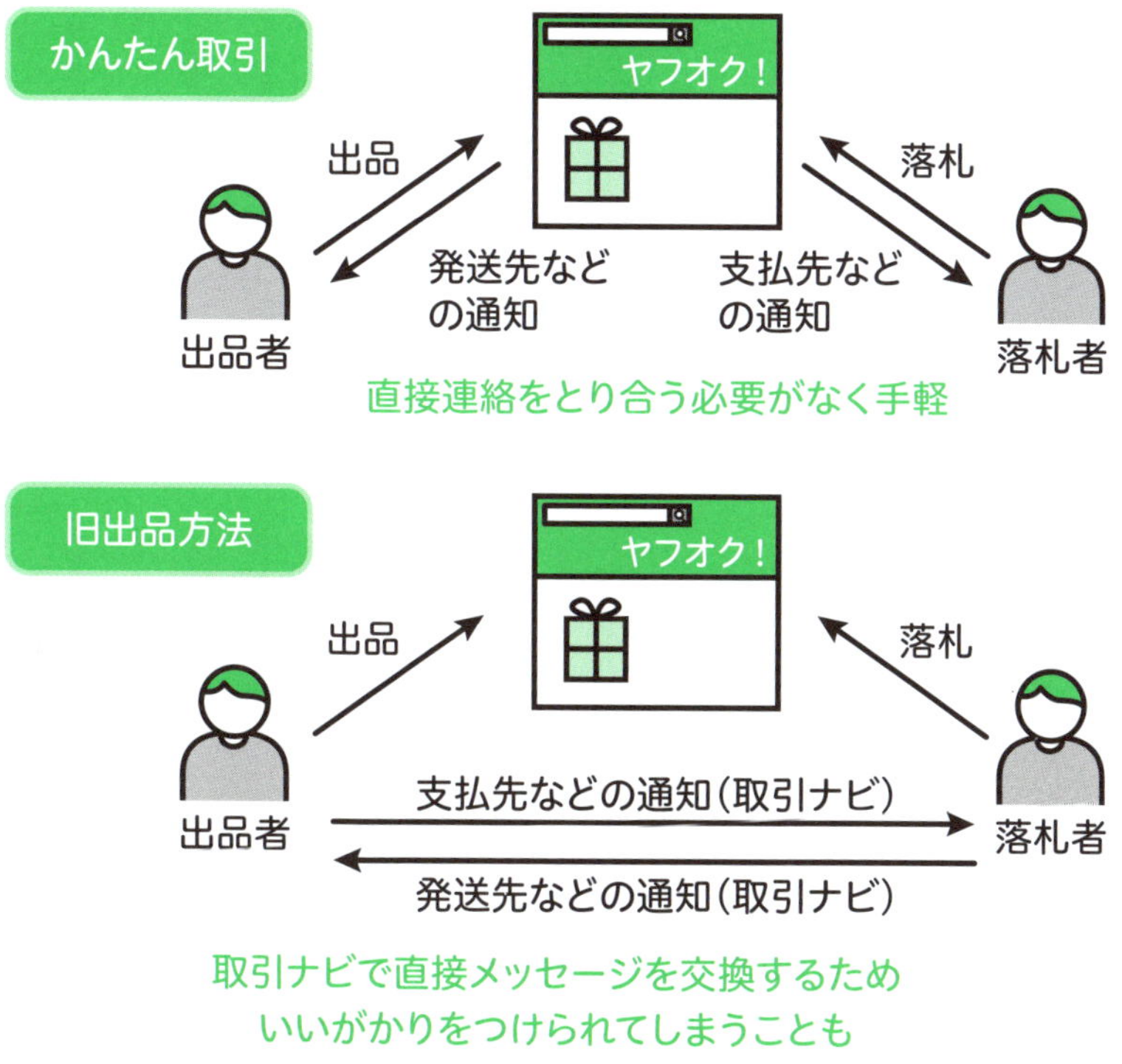

落札後の決済方法について

利用できる決済方法は
多ければ多いほど
入札率が上がります

おもな2つの決済方法

ヤフオク!で利用される支払方法は、おもに「銀行振込」と「Yahoo!かんたん決済」の2つです。そのほかにもいろいろな方法はありますが、まずは使われることの多いこの2つに慣れましょう。

銀行振込

銀行振込の場合、ほぼすべてのユーザーが振込の際にムダな手数料が発生するのを嫌います。

そのため、振込可能な銀行口座の数が多ければ多いほど、落札率が上がるといっても過言ではありません。

また、ゆうちょ銀行であればひと月に5回まで、ゆうちょ銀行どうしの送金なら振込手数料を無料にできます(2017年2月現在)。そのため、ヤフオク!での入金用の口座として利用している出品者が多く、人気があります。

このほかにも、各銀行の手数料の金額や条件については事前にしっかりリサーチしておきましょう。

Yahoo!かんたん決済

手数料なしで手軽に使えるYahoo!かんたん決済も人気があります（図2）。

これはクレジットカードや銀行口座を使った決済を、ヤフオク!が仲介してくれるサービスです。出品者がいちいち口座番号を通知する必要がないほか、落札者も番号の入力の手間が省け、ミスが少なくなるため人気です。

いままでは決済時に手数料が必要でしたが、2016年からは特定のカテゴリ[*1]をのぞいて手数料はゼロ。ほとんどの銀行やクレジットカードが対応しているため、ヤフオク!用にわざわざ銀行口座を開設せずに済みます。

そのほかの決済方法

銀行振込やYahoo!かんたん決済以外にも、いくつかの支払方法があります（表1）。中でも人気なのが代金引換です。日本郵便のゆうパックを筆頭に、銀行口座やクレジットカードのように事前に契約をしていなくても個人で利用できるため、根強い人気を誇っています。

そのほかには、現金書留や切手での支払などが挙げられます。これらは、あまり積極的に用意する必要はありませんが、決済方法は多いに越したことはありませんので、落札者の選択肢が多くなるよう、余裕があれば用意しておくとよいでしょう。

＊1：特定カテゴリについては、Chapter 1「Yahoo!プレミアムに登録する」を参照してください

表1　よく使われる決済方法

	手数料	特徴
Yahoo!かんたん決済	無料 ※特定カテゴリのみ手数料が必要	クレジットカード、ATM、コンビニなどで支払可能
銀行振込	各行による	利用可能な口座が多いほどよい
代金引換	各社による	商品受取時に支払う。事前準備が不要で手軽
現金書留	送金額が1万円以内の場合430円以降5000円ごとに10円ずつ加算	出品者に代金が到着するまで時間がかかる

図2

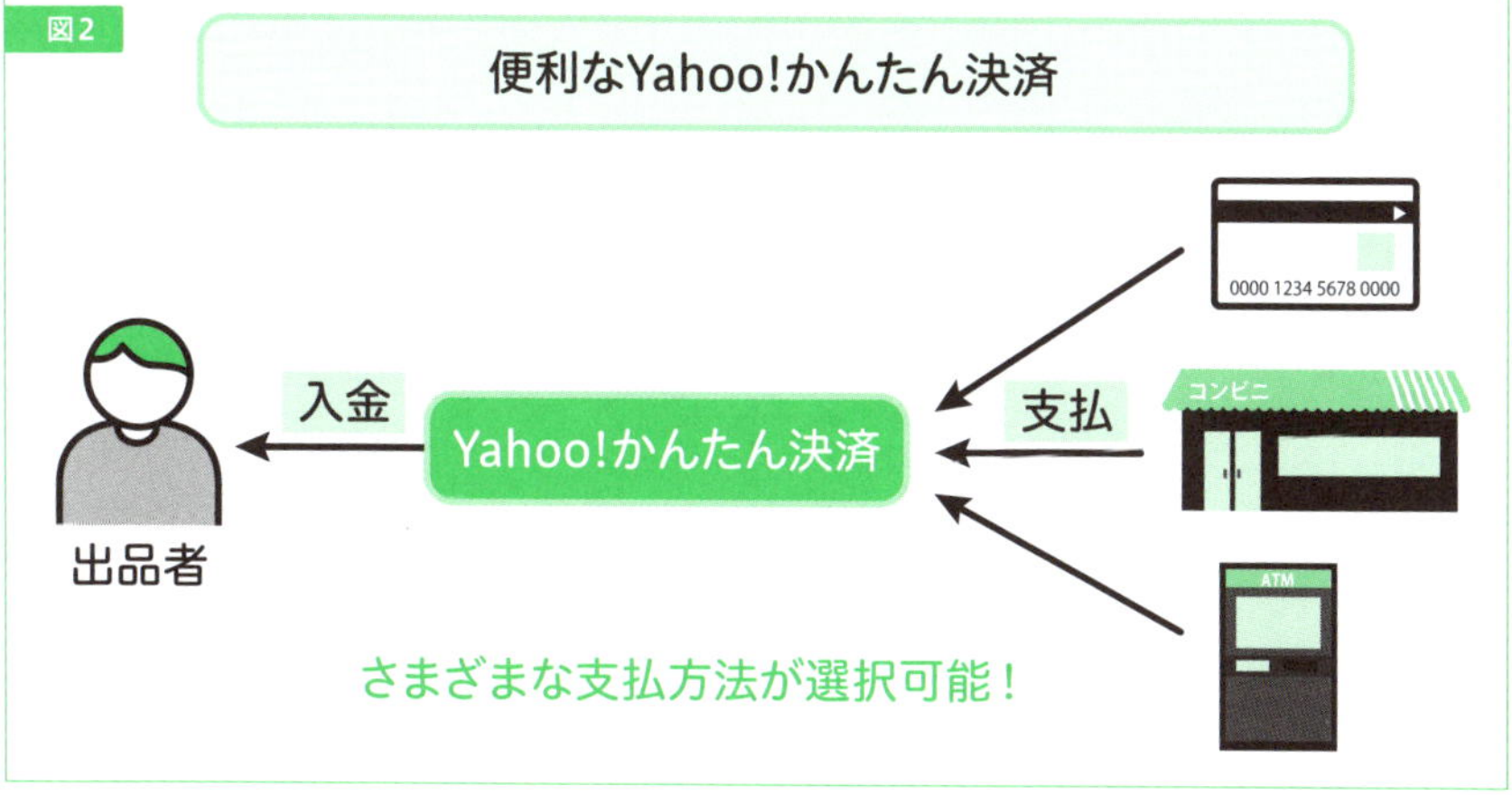

郵便や宅配便はどれを選ぶ？

商品に最適な発送方法を選ぶことでムダな送料をおさえられます

発送方法もいろいろ

決済方法の次は、発送方法について解説します。

ひとくちに発送方法といっても数多くの種類があります。まずは基本的な種類をおさえておきましょう（表2）。

宅配便

クロネコヤマトや佐川急便などの物流企業を利用するサービスです。企業により異なりますが、発送や受取をコンビニでおこなえるものも数多くあり、利便性はバツグンです。

さらに、営業所まで持ち込むと送料割引となるケースもあるので、近くに営業所がある場合などは積極的に利用しましょう。

ゆうパック

ゆうパックは、運営元である郵便局の窓口だけでなく、提携しているコンビニからも発送ができるため、便利です。また、郵便局の配送網を使うため、信頼性も高く、安心して利用できます。宅配便の場合と同じく、窓口に持ち込んで発送すると割引されるので送料請求時にズレが出ないように注意してください。

小さくて安い商品におすすめの発送方法

小さめのサイズの商品を出品すると、「定型外郵便での発送は可能ですか？」「クリックポストでの発送は可能ですか？」という質問を受けることがよくあります。

これらの発送方法は、手渡しではなくポストに投函する形式で、事故時の補償がない（損害賠償対象外）サービスがほとんどですが、住所の記載にまちがいがなければ、ほぼ確実に到着します。

あまり心配する必要はありませんが、サイズが小さく、単価も安い商品向きの発送方法といえるでしょう。

はこBOON

「はこBOON（図3）」は、ヤフオク！が提供している配送サービスで

表2 発送方法はこんなにある

サービス名	提供会社	料金	サイズ	配送日数	特徴
宅急便	ヤマト運輸	864～1944円	3辺の合計が160cm以内または重さ25kg以内	地域による（東京～大阪間は1日）	・営業所やコンビニ持込で送料100円引き
飛脚宅配便	佐川急便	756～2916円	3辺の合計が160cm以内かつ重さ30kg以内	地域による（東京～大阪間は1日）	・営業所やコンビニ持込で送料100円引き
ゆうパック	日本郵便	690～2810円	3辺の合計が170cm以内かつ重さ30kg以内	地域による（東京～大阪間は1日）	・窓口への持込で120円引き
はこBOON	伊藤忠商事	494～2243円	3辺の合計が160cm以内かつ重さ25kg以内	地域による（東京～大阪間は2~3日）	・軽い商品であればほかのサービスより安価
クロネコDM便	ヤマト運輸	1個につき上限164円	3辺の合計が60cm以内、最長辺34cm以内、厚さ2cm以内、重さ1kg以内	宅急便＋1～2日	・事前契約が必要 ・発送はポストに投函するだけ
クリックポスト	日本郵便	164円（一律）	長辺34cm以内、短辺25cm以内、厚さ3cm以内、重さ1kg以内	1～2日	・Yahoo!JAPAN IDが必要で支払もYahoo!ウォレットでのみ可能 ・ラベルの印刷も必要
ネコポス	ヤマト運輸	1個につき上限378円	角型A4サイズ以内、厚さ2.5cm以内、重さ1kg以内	宅急便と同等	・事前契約が必要 ・追跡番号あり
定形外郵便	日本郵便	120円～1180円	最長辺が60cm以内、3辺の合計が90cm以内、重さ4kg以内	地域による（東京～大阪間は1日）	・160円を追加すれば特定記録を残せる
レターパック	日本郵便	360円（レターパックライト）、510円（レターパックプラス）	A4サイズ以内、重さ4kg以内、レターパックライトのみ厚さ3cm以内	地域による（東京～大阪間は1日	・専用封筒が必要 ・追跡サービスあり

す。

縦＋横＋高さの合計が160センチ以内、かつ重量が25キロ以内の荷物の取扱が可能です。

図3 小さい商品におすすめの「はこBOON」

軽い商品の場合、他社の配送サービスより送料が安くなるので人気を博しています。

利用するには、まずインターネット上で手続きをし、ファミリーマート店内のファミポートを介して、レジで送料を支払います。

ファミリーマートは24時間営業の店舗がほとんどなので、日中に郵便局や宅配便の営業所に行けない人にもおすすめです。

●ネコポス

ネコポスは、厚さが2・5センチ以内の小さな荷物を送る際に役立つサービスです。

利用するためには、事前にヤマト運輸と契約を結ぶ必要がありますが、追跡番号があるため、インターネットで配送状況が確認できるのが魅力です。また、基本的には宅急便と同じスピードで配送されるため、翌日配達が可能です。

●定形外郵便

日本郵便の提供するサービスで、送料は商品の重さによって決まります。問い合わせ用の番号はありませんが、追加料金を払えば「特定記録」という追跡記録が残る発送方法に変更ができます。

●レターパック

360円のレターパックライトと510円のレターパックプラスの2種類があり、専用の封筒で発送します。

追跡番号があるため、インターネットで配送状況を確認できます。また、速達とほぼ同じスピードで配送することができるので、急ぎの際には重宝します。

大きな商品の発送

大型商品の発送には、通常の配送サービスでは対応していないサイズの荷物を発送できるヤマト運輸の「ヤマト便」や「小さな引越便（らくらく家財宅急便）」を使います。宅急便に比べるとかなり送料が高くなるので、事前に送料の確認をしておきましょう。

落札者と住んでいるエリアが近い場合には「手渡し」という方法もアリです。しかし、自動車やバイクの車体といった、通常なかなか発送できないような商品の場合は仕方ありませんが、それ以外の商品については、まったく知らない人と会うことになるので、防犯面から考えてもあまりおすすめできません。

そのほかのポイント

送料が高くなってしまうとどうしても入札者はしりごみしてしまうものです。

小さな商品の場合は、ここで紹介したように定型外発送などで発送すれば安く済ますこともできますが、万が一のときの補償がないのがネックです。

効力はあまりないですが、これらのサービスを使う場合は、万が一にそなえるという意味でも、念のために補償がない旨のお断りの一文を商品説明のどこかに記載しておくとよいでしょう。

また、商品タイトルや商品説明では「送料無料」としておき、はじめから商品価格に送料を上乗せしておくという手もあります。

Column 送料計算に使える便利なサイト

商品を発送する際、最適な発送方法、価格がひと目でわかる便利なサイトが「送料の虎」です。ヤマト宅急便や佐川急便、ゆうパックほかにも定形外郵便、冊子小包、レターパックなど、多数の発送方法の料金比較が一気にできるので、落札された商品を発送する際は非常に便利です。

送料の虎
URL http://www.shipping.jp/

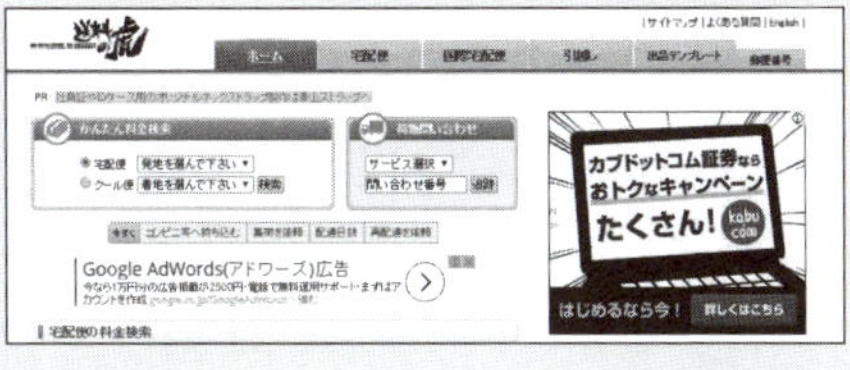

梱包のちょっとしたテクニック

梱包の際は商品が無事に届くことと作業効率を考えましょう

キレイさよりも頑丈さ

梱包に関しては、初心者にとっては1つの悩みどころかもしれませんね。「発送する際、キレイに梱包しないといけないのでは?」と思っている人が多いかもしれません。

しかし個人ではデパートで購入した商品のようにビシッとしたキレイな梱包をするのはムリがあります。しかも丁寧な梱包は時間がかかりますが、できれば梱包はサクッと終わらせたいものです。

はじめのうちはまだいいですが、発送数が増えてくると、余計にそう思うはずです。

それに、小さなサイズであったり、少量だったりする商品の場合、そこまで徹底的にこだわった梱包をすると、コスト面でも割高になってしまいます。実際には、そこまでやらなくても全然問題ありません。

稀にヤフオク!で落札して商品が届き、開封したら、「こんなテキトーな梱包でよく送ってきたな(怒)」と思う商品もありますが、相手に手抜きだと思われない程度なら簡単な包装でOKです。「美しさ」より、「商品が壊れずに届くか」ということのほうがよっぽど重要です(図4)。

基本は「プチプチ」を活用する

基本的には、プチプチなどの「緩衝材」で梱包して発送する人がほとんどです。袋状にしたプチプチに商品を入れて、最後にテープなどで口を閉じればそれで終了です。意外に簡単ですね。

ちょっとした小技となりますが、プチプチはツルツルしている面が内側にくるようにすると商品を入れるのがラクになり、梱包するスピードも上がります。

シーラーを活用しよう

梱包の際に活躍するスピードアップの秘密兵器がシーラーです(図5)。

これは、ビニール袋やプチプチなどを熱で密着させ、商品に封をするためのツールです。1台数千円しますが、一度使うともう手放すことができなくなるほど便利です。

ダイヤル調整で加熱（密封）の加減を微調整できるものもあるので、幅広い梱包材に対応できます。

テープでベタベタ貼るよりも圧倒的にキレイでプロっぽい仕上がりになるのもうれしいですし、なによりテープ代の節約にもつながります。

Amazonなどで探すとたくさんの商品が売られているので、ぜひとも手に入れてみてください。

住所などは印刷しておくとラク

また、発送によく使う大きさの封筒は印刷屋さんで事前に発送先の住所などを印刷してもらっておくと、効率化につながります。

最近ではネットから注文できる印刷屋さんも増えており、そのようなショップなら少量でも印刷してくれるので、探してみるといいでしょう。

図4

包装は美しさより頑丈さ

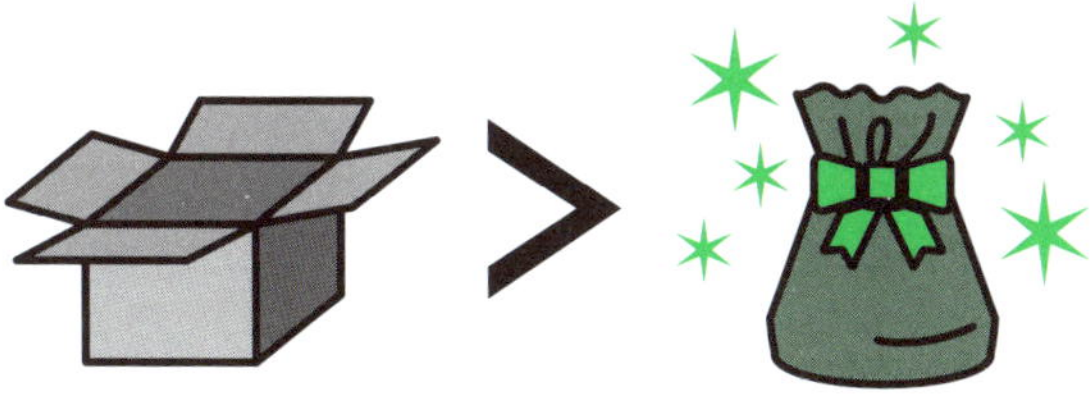

図5

梱包がラクになるシーラー

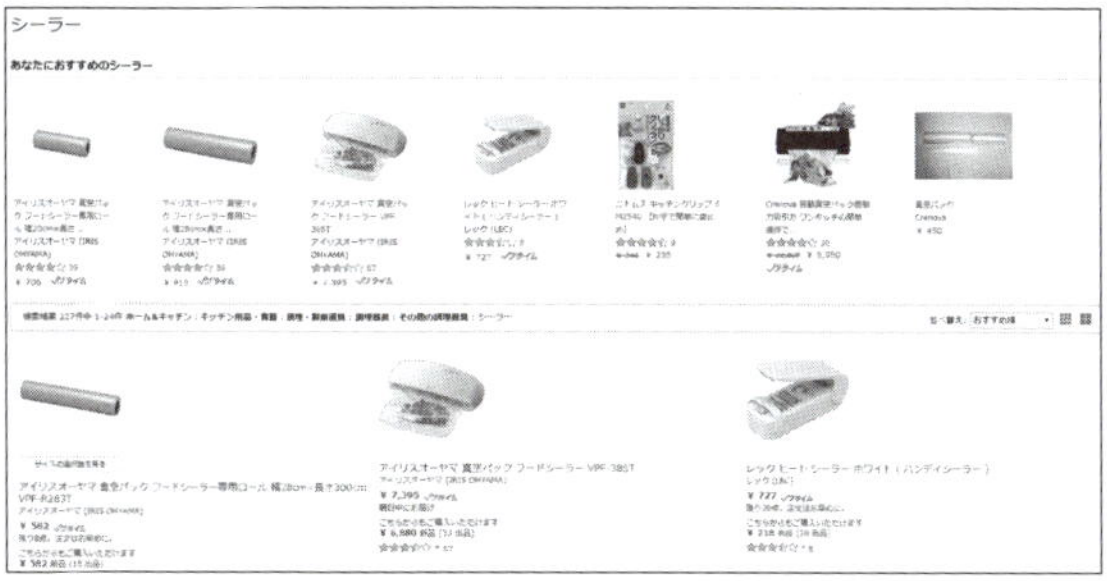

発送したあとにすること

落札者に不安を与えないためにも発送通知などは迅速に!

発送通知の送信

落札者が支払を完了すると、「支払い完了の連絡」が届くので、迅速に発送し、「支払い完了の連絡」にある「発送連絡をする」から、発送通知をしましょう（図6）。

商品の配送状況が確認できる問い合わせ番号と電話番号、サイトのURLがあれば、このときに記載しておくと親切ですね。

この発送通知が意外に重要です。発送はしっかり完了しているのに、うっかり通知を送信するのを忘れてしまったり、怠ってしまったりすると、「本当に発送したのか？」「この出品者は大丈夫なのか？」「対応が遅いなあ」などと思われてしまい、思わぬトラブルや悪評価につながってしまう可能性もゼロではありません。

落札者から「もう発送は済んでいるか？」と聞かれる前に、さっさと送るように心がけましょう。先手を打つことが重要です。

すぐに評価をするのもOK

ヤフオク！での評価は、商品が落札者の手元に到着し、相手から評価があったら、出品者からも評価するという流れが一般的です。

一方で、発送後、発送通知を送るのと同時に落札者の評価をするユーザーもいます。

では、発送と同時にさっさと評価を済ませてしまうのと、落札者の手元に商品が到着し、こちらの評価をしてもらうのを待つのとではどちらがいいかというと、正直、どちらでもいいかと思います（図7）。特に問題のなかった場合には評価の文面にも困りますが、「迅速な対応をしていただけました」や「スムーズなご入金ありがとうございました」などの文章を書き込めば問題ないでしょう。

落札者に不安を与えないように

発送したあとには忘れずにキチンと商品の発送の連絡をして、落札者に不安を持たれないようにすることを徹底していれば、やりかたはどのようなものでも問題ありません。円滑&円満な対応に感謝しているという気持ちが落札者に伝われればそれでOKなのです。

図6

発送の通知は迅速に！

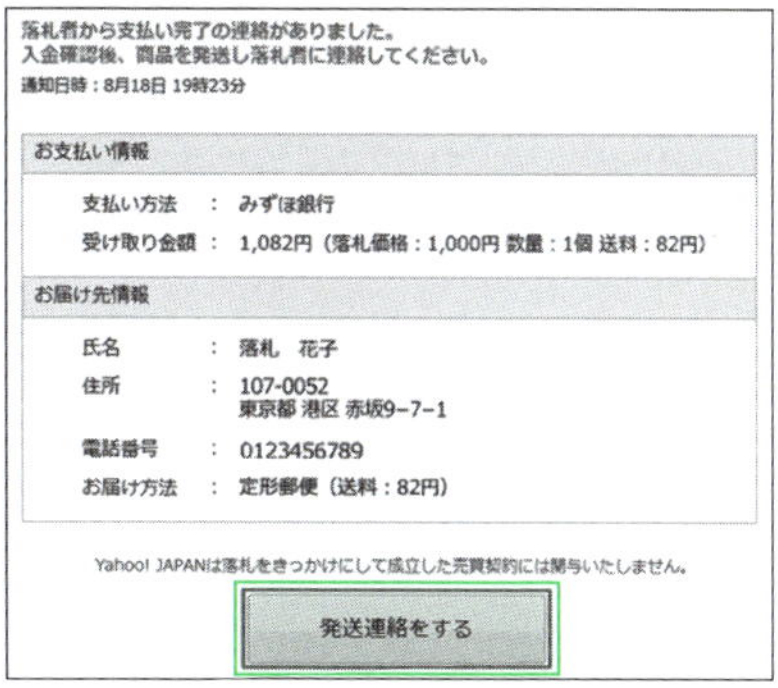
落札者から支払い完了の連絡がありました。
入金確認後、商品を発送し落札者に連絡してください。
通知日時：8月18日 19時23分

お支払い情報

支払い方法	：	みずほ銀行
受け取り金額	：	1,082円（落札価格：1,000円 数量：1個 送料：82円）

お届け先情報

氏名	：	落札 花子
住所	：	107-0052 東京都 港区 赤坂9-7-1
電話番号	：	0123456789
お届け方法	：	定形郵便（送料：82円）

Yahoo! JAPANは落札をきっかけにして成立した売買契約には関与いたしません。

発送連絡をする

図7

評価のタイミングは2パターン

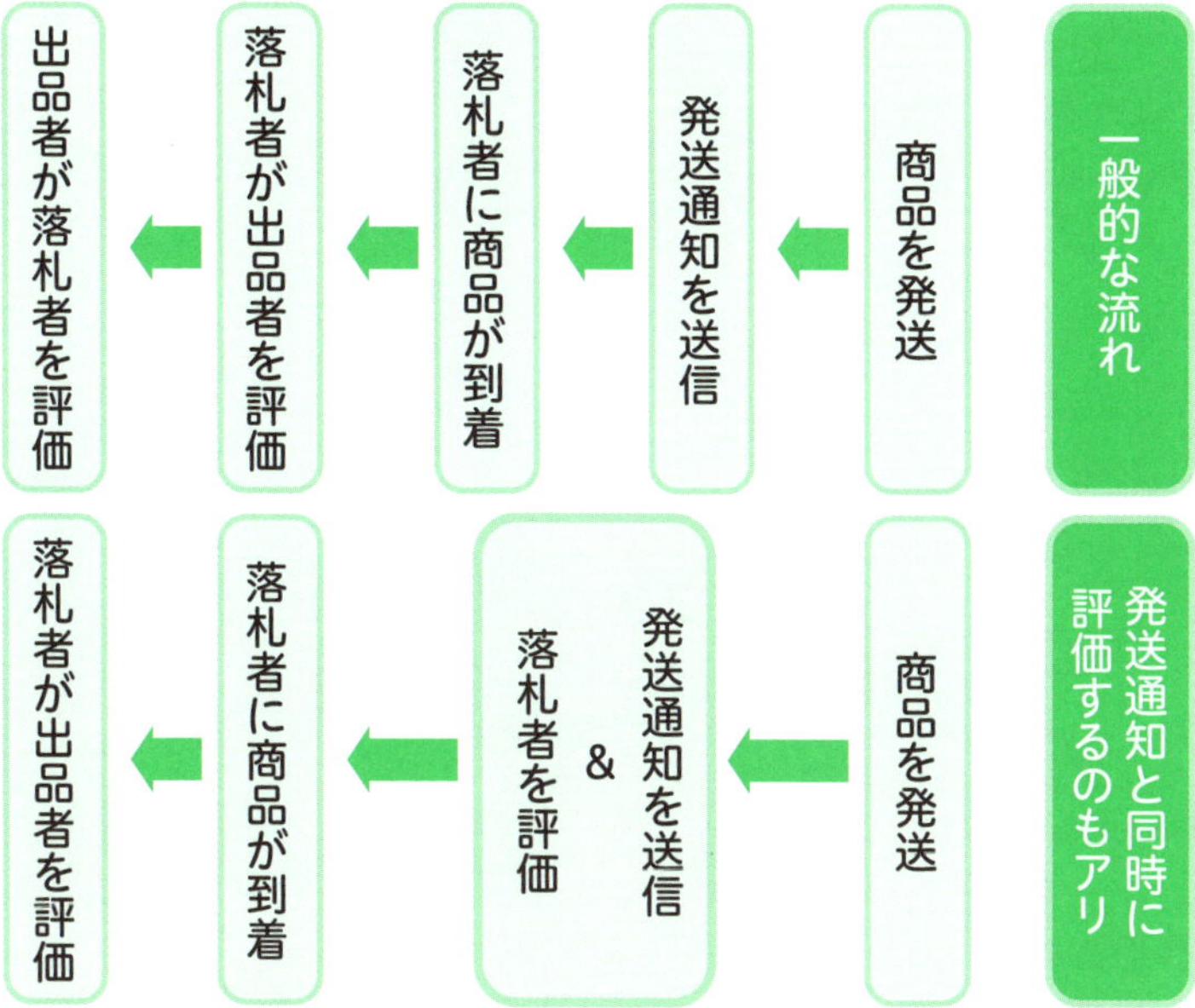

連絡が遅れると不要な心配を与えてしまい
トラブルの原因にもなるので注意！

ヤフオク!での評価について

対面での取引ではないヤフオク!において、評価は生命線です

評価は連鎖する

ヤフオク!を中心としたネットショッピングサイトにおいては、店頭での販売とは違い、販売者の顔や商品が直接的には見えません。そのため、出品者の評価を確認してから購入するという慎重なユーザーが数多く存在します。

入金したのに発送がされず、そのままアカウントを削除しトンズラされてしまう可能性もあるので、当然といえば当然の傾向ともいえます。

こうしたネットショッピングの特徴を考えてみると、**アカウントの「評価」はないがしろにはできません。**なぜかというと、**評価は連鎖していく**からです（図8）。

よい評価が蓄積されていくと、連

図8

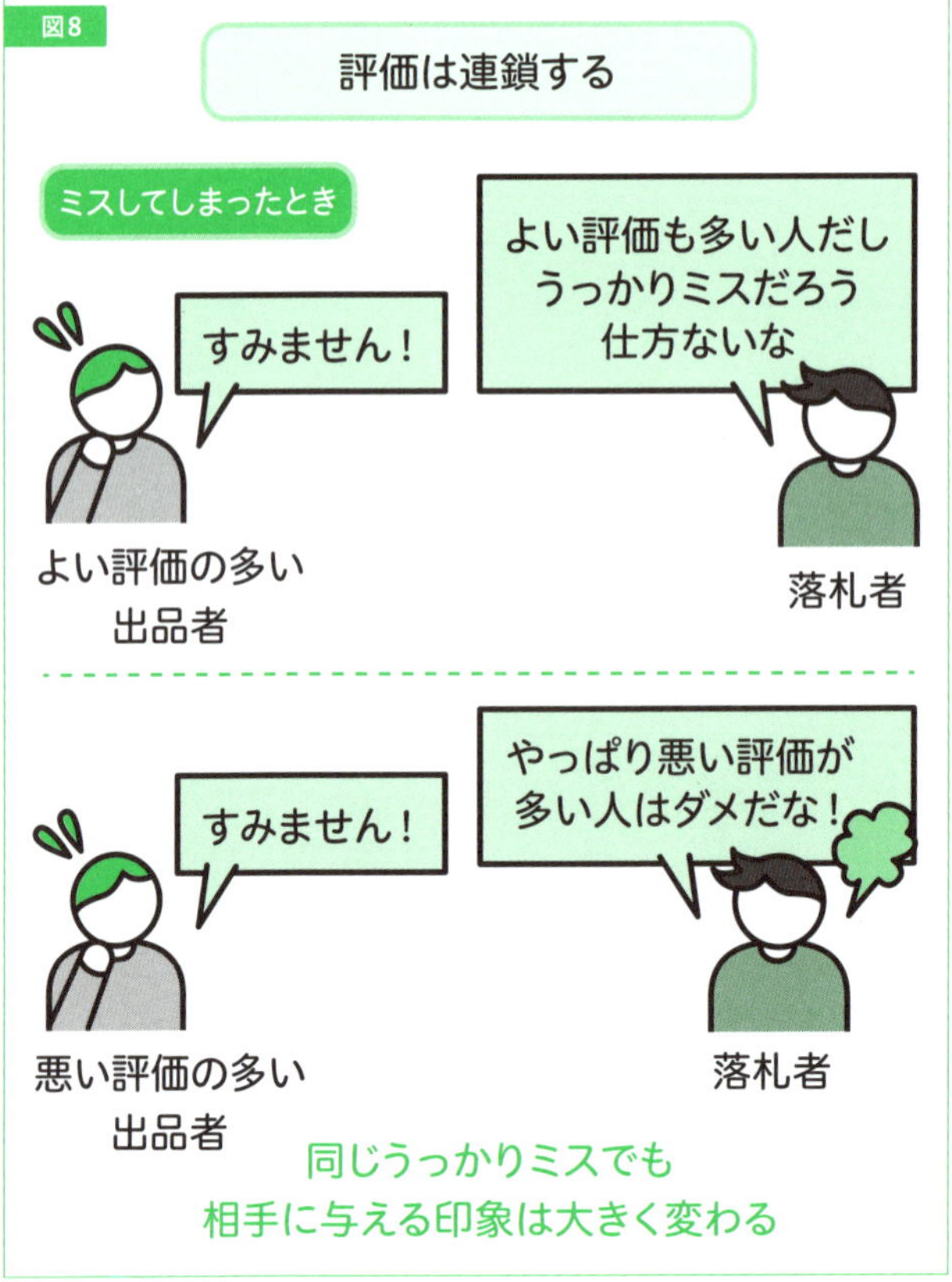
評価は連鎖する
ミスしてしまったとき
すみません！
よい評価も多い人だし
うっかりミスだろう
仕方ないな
よい評価の多い
出品者
落札者
すみません！
やっぱり悪い評価が
多い人はダメだな！
悪い評価の多い
出品者
落札者
同じうっかりミスでも
相手に与える印象は大きく変わる

鎖反応的に出品している商品が売れるようになります。

反対に、悪い評価がだんだんと増えていくと出品している商品への入札が減り、売れづらくなってしまうのです。

また、悪い評価が多いと、小さな「うっかりミス」があった場合に、問答無用で悪い評価をつけられてしまうこともよくあります。

ちなみに、ヤフオク！では出品者、落札者のどちらかが評価をすると、同等の評価をすることが暗黙の了解となっています。

評価は変更してもらえる

こうした、評価が連鎖する傾向を考えると、悪い評価をつけられてしまった場合に黙って見過ごしてしまうのは、非常にもったいないことです。

幸い、ヤフオク！では、**いったんつけられた評価でも、変更してもらうことが可能です**（図9）。

落札者に連絡をして、悪い評価をつけることになったくわしい理由を聞いてみましょう。問題が解決した際には、そのあとに「評価を変更してもらいたい」という旨を真剣に伝えてみてください。

案外、問題が解決すれば、評価の変更に対応してくれるという人は多いはずです。

図9

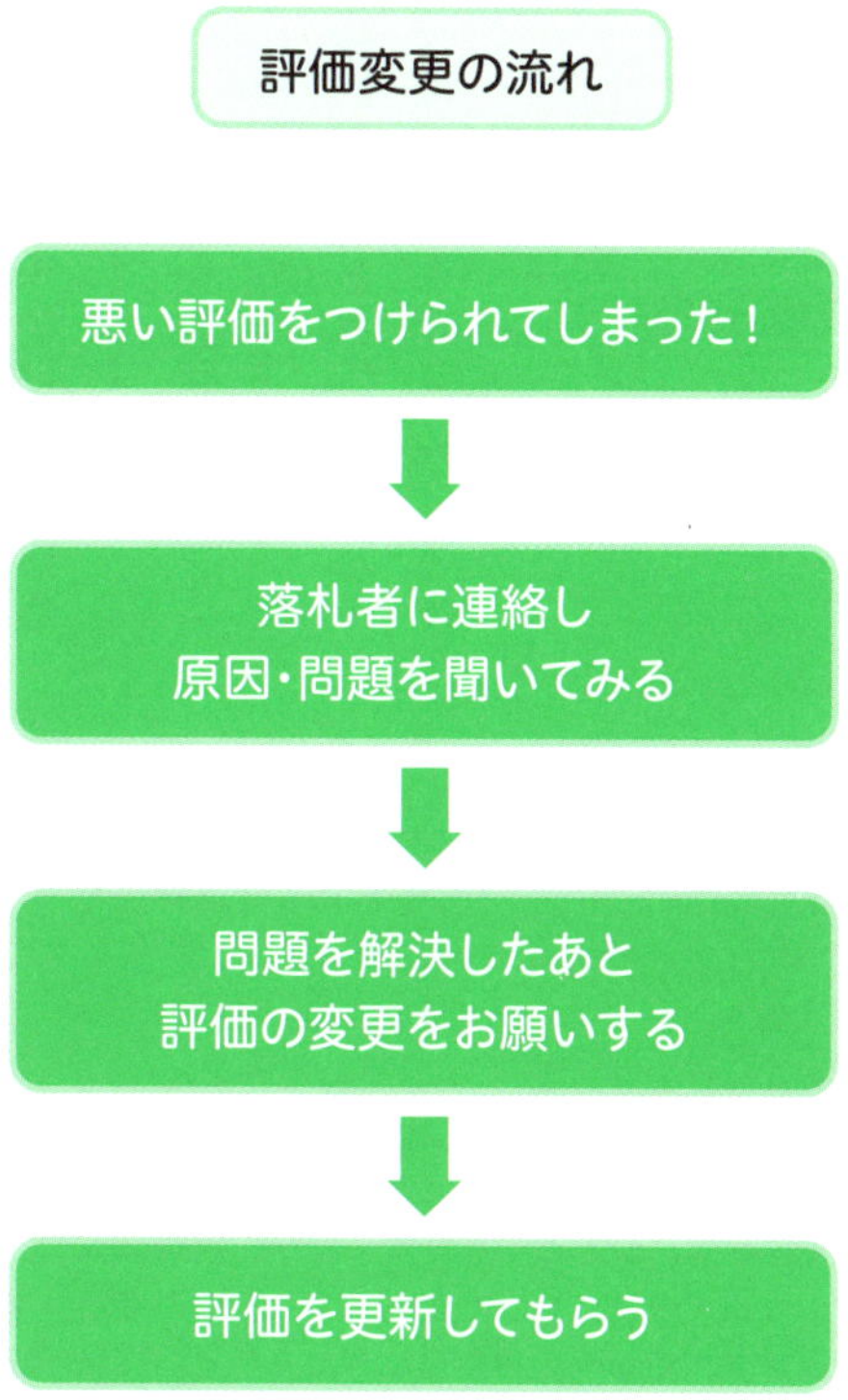
評価変更の流れ
悪い評価をつけられてしまった！
落札者に連絡し
原因・問題を聞いてみる
問題を解決したあと
評価の変更をお願いする
評価を更新してもらう

いきなり出品しない

評価がまったくないようなアカウントで出品する場合、詐欺などをおそれられ、なかなか入札されないというケースが多く見受けられます。

これからヤフオク!をはじめよう!という人で、アカウントにまだ評価がない場合は、「たくさん儲けてやるぞ!」と前のめりになっていきなり出品せずに、「千里の道も一歩から」「急がば回れ」の精神で、評価をコツコツ貯めるところからスタートしてみるのもいいかもしれません。まずは自分がほしいと思う商品をいくつか入札・落札して、評価を蓄積し、これで準備OK!となったら、いざ出品、という風にしてみましょう。

1つの目安としては、落札での評価が10件以上になれば、取引の流れもつかめ、ある程度の信頼感を入札者に与えられるようなレベルに到達しているといえるでしょう。

それに、いくつかの商品に入札・落札をした経験があれば、自分が出品する側になったときにも、あわてず冷静に取引をすることができるはずです。

地道に堅実に評価を貯めましょう

Column ヤフオク!をはじめたきっかけ

いまから15年前の話ですが、高校生時代からミュージシャンを目指して活動していた筆者は、大成せずに気づけば30代半ばになろうとしていました。
そんな筆者を拾ってくれた会社に就職するも、たったの3カ月で退職。そこで、コレクションしていたCD、DVDなどをしかたなくヤフオク!に出品してみました。
それがあれよあれよという感じでよく売れたので、「こんな生活も悪くないなぁ〜」という感じでやってきたらこうなりました。
いまでこそヤフオク!はスタンダードなお金稼ぎの方法になりましたが、当時は先駆者もいない時代です。筆者自身、ヤフオク!のプロとして食べていく未来の姿なんて思いもよりませんでした。道なき道を必死で歩んできたらこうなったという思いしかありません。

Chapter 4

商品を増やそう!

- 売れ筋ジャンルを知ろう
- メルカリやAmazonで商品を仕入れよう
- 家電量販店で仕入れよう
- 大型スーパーマーケットで仕入れよう
- ディスカウントショップで仕入れよう
- リサイクルショップで仕入れよう
- 海外から仕入れよう
- メンバーズカードやポイントサイトの賢い使いかた
- 偽物に注意!
- ハンドメイドで商品をつくる

売れ筋ジャンルを知ろう

売れている商品にはいくつかのパターンがあります

やみくもに売るだけではダメ

毎日数多くの商品が出品されるヤフオク！では、当然ながら、ただやみくもに出品しているだけではなかなか落札されません。まずは、「どんな商品が売れるのか」ということを入念にチェックすることが重要です。ヤフオク！で高く売れる商品の傾向を頭に入れて、どんな商品が売れるのかを日ごろから考えるクセをつけましょう。

ちなみに、ヤフオク！で儲かる、よく売れる商品を分析していると次のような傾向があることがわかります（図1）。

①実店舗であまり扱っていない商品
②実店舗で買いにくい商品
③実店舗で買うと高い商品
④入手困難となっている商品

それぞれどういったものなのか、具体的に見ていきましょう。

①実店舗であまり扱っていない商品

●非売品

実店舗であまり扱っていない商品とは、たとえば非売品などが挙げられます。

・企業のノベルティグッズ
・応募シール、クーポン券
・懸賞の当選品

市場に出回る数が少ないアイテムが多く、その結果、必然的に落札価格が高くなる傾向があります。

また、有名人が販促キャラクターを務める会社の販促グッズや一流ブランドの非売品などは高い人気があります。清涼飲料水のボトルキャップや「食玩」と呼ばれるお菓子のおまけなどもこのジャンルに入り、コレクターが多い商品です。

●そこでしか手に入らないマニアックな商品

マニアックな商品とはたとえば、

・会場限定品
・地域限定品
・ファンクラブ限定販売品

など、購入できる場所が限定されているものが該当します。

イベントのチラシ、ステッカーなど会場で無料配布されるものから、フィギュアのようなイベント会場内で期間限定、数量限定で販売されているグッズなどいろいろなものが高値で販売されています。

●輸入品

粗利益や利益率が高い商品が目立つジャンルが輸入品です。

まだ日本に正規の販売代理店がなく、すでに人気に火がついている商品をうまく探し出せば、大きく稼げる可能性を秘めた、爆発力のあるジャンルであるともいえます。

そもそも、世界中を見渡してみると、日本に正規販売代理店が入ってきている商品のほうが少ないというのが現状です。

ひとえに「輸入品」といっても、生活雑貨からアパレル系の商品、貴金属までいろいろな商品があり、目利きの能力によっては一攫千金も夢ではないジャンルです。

②実店舗で買いにくい商品

「買いにくい」というのは、心理的なハードルがあるということで、例を挙げると次のようなものです。

・ダイエット関係の商品
・アダルト商品
・育毛剤

実店舗で店員から対面で買いにくい商品、買うのはちょっと恥ずかしいというような商品は、ヤフオク！での販売に向いている商品です。中でも人間の三大欲といわれる食欲、性欲、睡眠欲を満たす商品は根強い人気を誇っています。

ちなみに、ヤフオク！では匿名配送はできませんが、郵便局の局留めや、宅配便の営業所留め配送はできるので、ユーザーや商品に合わせて使いわけることをおすすめします。

③実店舗で買うと高い商品

このご時勢、なかなか高級品を新品で買おうという人は少なく、ブランド品のリサイクルショップ（質屋も含む）や中古自動車店、中古バイク店が活況を帯びており、おもしろいジャンルです。このジャンルには次のようなものがあります。

・高級ブランド品
・車
・バイク

特に自動車やバイクは、「中古であってもガンガン走ってくれればそれでOK」という人も数多く存在しているので、ある意味でねらい目であるともいえます。これらの商品は、新品で仕入れた商品をそのままヤフオクに出品して稼ぐのは難しいですが、**中古品であれば大きな利益を得られる可能性があります。**

ただし、こうした商品はある程度の目利き能力や、仕入資金が必要です。なので、いきなり手を出すのではなく、中級者以上の人におすすめのジャンルです。

④入手困難となっている商品

・初版本、サイン本
・数量限定商品
・人気アイドルのコンサートチケット

「手に入るならお金をいくら出してもいい！」という熱い入札者がたくさんいるジャンルです。

これらの商品は、巻頭特集にも書きましたが、基本的には定価で買えるうちに仕入れて、高くなってきたら出品するという株式投資や不動産投資のような考えかたで販売するので、売るタイミングが重要なジャンルといえるでしょう。

Column　古物商許可証とは

古物の売買（古物営業）には、商品に盗品などが混入しているおそれがあるため、古物営業法にもとづき都道府県ごとに許可を得なければ商売することができません。ただし、自宅で不要になった物品を、個人的にヤフオク！やフリーマーケットなどで売却するだけであれば、現在のところ、古物商の許可は必要ありません。
しかし、必要はないとはいえ、古物商許可証を持っていれば「公安委員の承諾を受けて営業している」ということで信頼や安心感につながるというメリットがあります。
ヤフオク！に慣れてきて余裕が生まれれば、取得するのもよいでしょう。

図1

こんな商品が売れている

実店舗であまり扱っていないもの

クーポン・優待券

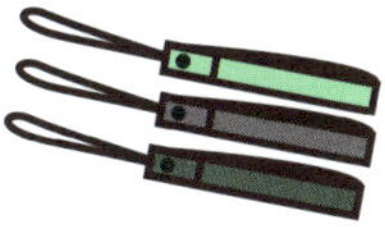

企業のノベルティ

輸入品
（衣類・アクセサリーなど）

→市場に出回っている数が少ないため落札価格は高め！

実店舗で買いにくいもの

育毛剤

ダイエットサプリ

アダルトDVD

→郵便局の局留めや営業所留めの配送が有効！

実店舗で買うと高いもの

ブランド品

自動車・バイク

楽器

→新品で買うと高いため、中古品が人気！

メルカリやAmazonで商品を仕入れよう

手軽にできるネットでの仕入はいそがしい人に最適です

仕入はネットが便利

ヤフオク!でしか買わない人、メルカリでしか買わない人、Amazonマーケットプレイスでしか買わない人……と、各プラットフォーム(ショッピングサイト)によってユーザー層は大きく違います。

それにより、多少相場より高くても自分が使い慣れているサイトで購入してしまうという人は意外にいるのです。

その事実とニーズをうまく活用するために、商品の仕入はインターネットでおこなうことをおすすめします。

こうした手法は「**電脳せどり**」と呼ばれています。家から一歩も出ずに、自宅にいながらネットで仕入が完結するので、子育てや介護などであちこち出かけられない人には人気がある方法です。

そこで、電脳せどりのおもな仕入先である、メルカリとAmazonマーケットプレイスについて紹介していきます(表1)。

掘り出しものも多いメルカリ

メルカリの特徴としては、**女性が多い**ことが挙げられます。「なにかを売り買いして利益を出そう!」という人よりも、不要品の処分のために利用している人が多いため、思わぬものが安く手に入ることもあります。ヤフオク!での販売相場が5000円の商品が2~3000円で買えることも少なくありません。

また、メルカリのコンセプトは「フリーマーケット」なので、**値切って買うのが当たり前**です。

1万円で販売されている商品であれば、「購入を検討しております。少し割引できませんか?」という感じで価格交渉します。具体的に「8000円で譲ってください!」と価格を提示して交渉するのもアリです。

そうしてヤフオク!で高値で売れている商品をメルカリで安く仕入れれば、意外に簡単に利益が出ます。

商品数を重視するなら Amazonマーケットプレイス

Amazonマーケットプレイスは取り扱っている商品数がケタ違いです。また、価格改定ツール[*1]を提供しているため、出品価格がどんどん安くなるという特徴もあります。そのため、同じように豊富な商品数を誇る楽天市場やヤフオク!、Yahoo!ショッピングより安い場合がかなりあります。

ためしにいくつかの商品の最安値をAmazonマーケットプレイス、楽天市場、Yahoo!ショッピングなどで検索してみてください。Amazonマーケットプレイスが最安値の商品が多数見つかるはずです。

＊1：Amazonでは、「価格の自動設定機能」が提供されており、リアルタイムでほかに出品されている同一商品の価格に合わせて価格が変動するように設定できます

表1 メルカリとAmazonの特徴

サイト名	特徴
メルカリ 	・不要品の処分目的の女性が多いため、思わぬ価格で仕入れられることも ・交渉しだいで値下げも可能
Amazon 	・取り扱う商品数は数億規模 ・価格改定ツールが豊富なため、価格競争が激しくドンドンと安くなる

家電量販店で仕入れよう

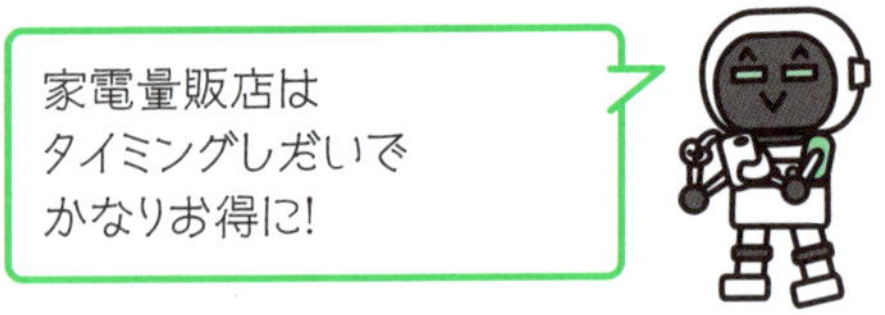
家電量販店は
タイミングしだいで
かなりお得に!

仕入は実店舗でもできる！

現在、仕入の主流はインターネットですが、実店舗での仕入もなかなかバカにはできません。

タイミングや、**戦略しだいではネット以上にお得な仕入をすることも可能**です。ここからは、実店舗での仕入にいったときに見るべきポイントを紹介していきます。

基本はポップをチェック

まずは家電量販店です。ここでは**ポップ(プライス札)**を注意して見ます。ポップをよく見れば、店側がすぐに売りたい商品かどうかがわかります。ポップの情報を参考にサーチしていきましょう（図2）。

印字のポップより手書きのポップを優先して探すと、お宝商品に遭遇する確率が高くなります。中でも、**「展示品」**や**「在庫かぎり」**と書かれたものは要チェックです。ただし、展示品の中には傷がついている商品もあるので、商品の状態をしっかり確認したうえで購入の判断をしましょう。

特に電気髭剃りや電動歯ブラシ、ジューサーといった、肌に直接ふれる商品や調理器具などは商品の性質上、売りづらくなるということは頭に入れておきましょう。

安くなるタイミングをおさえておこう

開店直後・夕方以降

家電量販店を攻める場合、**朝イチの開店直後**か、**17時以降**がおすすめです（図3）。

朝イチは客寄せのため、台数限定で販売する目玉商品をゲットできる可能性が高いです。また、17時以降は閉店までに売上を捻出したい店側の都合もあり、通常の時間帯より安くなるケースが多いです。

17時以降に手書きのポップがある商品は直前に値下げされた可能性が高いので、見逃さないようにしましょう。

●家族客が多い土日など

土・日・祝日は、多くの来客が見込めるため、超がつくほど安い目玉商品が投入されることが多々あります。

見かけ倒しの微妙な価格設定の商品も多いですが、しらみつぶしに見ていけば、利益が出る商品に遭遇する可能性が高いです。

「お1人様1台かぎり」など、数量規制をしている商品は特にねらい目の商品です。

この場合は、もし仕入にいけるエリア内に同じ系列店がいくつかあるのなら、すべての店をハシゴして買い占めておくとお得です。

●タイムセールには注意

タイムセールにもいくつか種類があります。

本当に安くなるタイムセールもあ

図2

ポップのお得度
印字POP
税込価格 420円
(本体価格 400 円)
・お得度:小
手書きPOP
冬物お買得!!
50%OFF
今なら!ポイント2倍
・お得度:中
・「400円」「10000円」などキリのいい数字のものは要チェック
「展示品」や「在庫かぎり」
一品限定 展示処分
税別 69,800
・お得度:大
・商品によって「展示品」の場合は注意が必要

図3

開店直後や夕方以降がチャンス
開店直後
10:00
OPEN!
DENKI
安心価格
決算セール
・朝イチは客寄せ目的で目玉商品が多い!
閉店まぎわ
21:00
CLOSE!
DENKI
安心価格
決算セール
・閉店まぎわは、売上確保のために値下げされやすい!

れば、ワイワイ感、にぎやか感を演出するためのあまり値引きされないものもあるので、タイムセールだからといって浮かれることなく、気をつけましょう。

価格の見かた

価格のキリがよく、端数がない商品はかならずチェックしましょう。

たとえば、300円、900円という価格の商品はチェックし、498円のものはスルーする、というような考えかたです。

ふつうなら割安感を演出するために、398円といった価格設定で販売するケースが多いはずですが、300円ポッキリということは、投げ売りの可能性が非常に高いのです。

価格交渉のコツ

家電量販店の場合、投げ売りのワゴンセール以外は結局のところ、最終的には交渉術しだいになります。最近は値引が難しくなってきているので、最終的には値引よりポイント還元などに落ち着くことが多いですが、価格交渉はやってみるだけの価値があります。

ちなみに、価格交渉で重要なのは、店員を見わける力です。

まずはそのフロアで権限がありそうな店員を探します（これが重要！）。若めの店員はあまり権限がないためスルーします。もちろんアルバイトもスルーです。

また、メーカーヘルパーとして来ている店員も、所属のメーカーの商品以外は話しかけるだけ時間のムダなのでスルーでいいです。しかし、この場合は逆の考えかたもできます。「このメーカーの商品がほしい！」とすでに決めているメーカーのヘルパーがいればラッキーということです。その際は積極的に交渉しましょう。

話しかけるべき店員のねらいを定めたら、あとの流れは次のような感じです。

価格交渉の流れ

まず、現時点で値引可能か聞く

⬇

「安くしてくれるならあれもこれも買いたい！」とアピールする

⬇

店員の名札を見て、会話の節々で名前を呼んでフレンドリーに

⬇

交渉する

最終的に大幅な値引が難しい場合、100円単位の端数なら切れるか聞く

↓

それでもダメなら、還元ポイントを上げてもらえるか聞く

↓

「送料くらいはなんとかサービスしてくれないか?」と食らいつく

ほかにもキラーワードはたくさんあり、交渉方法もいくつかあるのですが、基本はこんな感じでありとあらゆる方法を提案してみます。

要は、「数打ちゃ当たる」ということです。そして、ゴリ押しするのではなく、最後までフレンドリーに接するのがポイントです。

交渉以外の細かいテクニックとしては、他店の販売価格を控えておくと、ある程度交渉をすすめやすくなります。

イチオシは決算セール

ここまで多くのチェックポイントを紹介してきましたが、一番のねらい目は決算期です。決算期はどの店も売上と利益を達成するためにあの手この手と必死になるのです。そのため、値引交渉にも積極的に応じてくれます。

ただし、そうはいっても店側も収支のバランスをとらなくてはいけないので、利益が出ない商品は必然的に少なくなります。

店側が処分したい商品をしっかり見抜く力も必要になるということです。

Column 店にいながら相場をチェックするには?

店舗などで仕入れているときに商品の販売相場を調べたい場合は、スマホを使いましょう。

ヤフオク!のアプリを開き、検索したい商品のキーワードを入力します。このとき、キーワードが多ければ多いほど検索時間の短縮になります。

現在の相場を調べたい場合は「開催中」で検索し、過去の相場を調べたい時は「落札相場」を選択しましょう。

ランダムに表示されるので、「価格の高い順」や「入札の多い順」などで効率よく検索するために並べ替えをするとよいでしょう。

大型スーパーマーケットで仕入れよう

スーパーマーケット仕入のコツは「処分品の大量仕入」です

圧倒的な品揃え

売場面積が非常に広く、扱う商品の在庫数も豊富な店舗が多いのが大型スーパーマーケットの魅力です（表2）。

それでは、この節では大型スーパーマーケットで仕入れる際のポイントや注意点を見ていきましょう。

処分品のワゴンセールをねらう

●ネットより安く買える場合も

スーパーマーケットで商品を仕入れる際の基本方針は、「処分品ねらい」です。

ほとんどのスーパーマーケットにおいては「大量に仕入れて大量に売る」が販売方針のため、そのぶん売れ残りも大量に出る傾向にあるからです。

たとえば日用品であればフライパンや鍋、水筒、弁当箱などのものがワゴンセールの対象となるケースが多いようです。

商品によってはネットで買うよりもかなり割安で手に入る場合もあり、さらに在庫がたくさんあるケースも多いので、大量仕入にも向いているのです。

●売れ残っても大丈夫

そのほかにも、シャンプーなどの消耗品もねらい目です。調理器具などと違い、日常的に消耗する商品が多いため、なかなか落札されずに売れ残ってしまった場合でも、自分で使えるので安心して仕入れることができます。

処分品はワゴンセールなどで山盛りにされて叩き売りされるケースが多いので、相場よりも大幅に安い場合もあります。砂漠から砂金を見つけ出すような意気込みで、お宝商品を見つけましょう。

●ゲームは回転率が魅力

ゲームのワゴンセールはかならずチェックすべきですが、実は通常の陳列棚も要チェックです。

また、ゲーム機本体はゲームソフトに比べて高額ですが、回転率が高いのが魅力です。ここでも在庫一掃セールが展開されることの多い決算月がねらい目です。

店内はくまなくチェックしよう

ワゴンセールのワゴンは、店内の次のような場所に展開されるパターンが多いです（図4）。

・エスカレーター周辺
・レジ周辺
・催事場

何度か店舗に足を運んでいると自然と場所をおぼえるようになるので無意識に足を運ぶようになるはずです。

ただし、たまにいつもの売場以外でもワゴンが出ているときがあるので、店内はくまなくチェックするようにしましょう。思わぬ激安商品に出くわす確率もアップするはずです。

表2 大型スーパーマーケットで仕入れるべき商品

商品ジャンル	特徴
日用品（調理器具など）	大量にワゴンセールで投げ売りされるため、ネットよりも格安で入手できることがある
日用品（消耗品）	自分で使えるものを仕入れれば、売れ残っても損する確率は0％
ゲーム機・ソフト	回転率の高さが魅力。在庫一掃セールは宝の山

図4

チェックしておきたい場所

エスカレーター周辺　レジ周辺　催事場 イベントスペース

ディスカウントショップで仕入れよう

品数が多いため、基本的にはポップで選別していきましょう

やっぱり基本はポップ

家電量販店と同じく、ディスカウントショップでもポップをチェックするのが基本方針です。取り扱う商品の幅がとにかく広いため、いちいち商品を丁寧にチェックしていってはキリがありません。ポップの情報を参考に、仕入れる商品を決めていきましょう。

まず、「本日かぎり」「広告の品」というポップがつけられた商品はかならずチェックします。

ディスカウントショップで販売されている商品はもちろん新品なので、利益の出る商品が見つかれば、同一商品を複数点仕入れることが可能です。棚に在庫があまりなくても、店員さんに聞けば、倉庫から商品を探してきてくれる場合もあります。

「Amazonに対抗した価格で販売している」ということが明示されたポップも結構あります。これは安売りされているということがわかりやすくていいですね。

ねらい目はメディア商品

ディスカウントショップで仕入れる際に特に注目するべきなのは、CDやDVD、ゲームといったメディア系の商品です。これらの商品がドンドンとプライスダウンしていくのがディスカウントショップの特徴です。

人気や流行などにも左右されるとはいえ、最終的には100円や50円になるものもあるので、驚きです。

さすがに100円や50円にまで値下げされるのには、なにか理由があるものがほとんどなため、せっかく仕入れて出品してもあまり落札されないのが実際のところではあります。

しかし、このように信じられない安さの商品をひたすら検索し続けていけば、利益が出る商品を見つけることは決して難しいことではありません。

ただし、店舗によっては、メディア系の商品を取り扱っていないところもあるので気をつけましょう。逆

に、ワケありの処分品ばかりを取り扱う店舗も数多く存在するので、家の近くにそういった店舗がある場合は大チャンスです。

　ディスカウントショップは、ここで紹介したメディア系の商品以外にも、家電やおもちゃなど、ヤフオク！で人気のジャンルが多いので、仕入先として重宝するでしょう（表3）。

表3　ディスカウントショップの特徴

特徴	メリット
商品がすべて新品 	・仕入れる際に商品の幅が狭まらない ・そのままヤフオク！で出品できるのでラク
在庫が多い 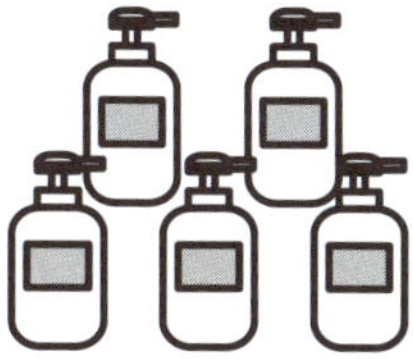	・利益の出る商品があれば一気に複数個を仕入れられる
メディア商品がねらい目 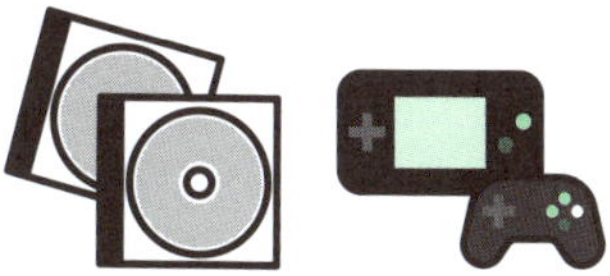	・回転率が高く、流行に乗れば利益がすぐに出る

リサイクルショップで仕入れよう

掘り出しもので一攫千金のチャンスも！

仕入の意外な穴場

リサイクルショップで販売しているのは、

- 家電
- パソコンおよび周辺機器
- ゲームと関連商品
- 楽器と関連商品

などの比較的扱いやすく、利益が出やすいジャンルです（表4）。実店舗仕入の意外な穴場といってもよいでしょう。

では、1つ1つ、チェックポイントや注意点を解説していきます。

家電

家電は、国内ブランドの新品や中古品があればかならずその場で相場をチェックしてください。

高さ・幅・奥行きの3辺の合計が160センチを超えると、ヤマト運輸の宅急便や佐川急便の飛脚宅配便、はこBOONなどで発送ができなくなるため注意しましょう。

また、髭剃り、美顔器、調理器具などは中古品を扱うと入札率が落ちるので家電量販店での仕入と同様、注意が必要です。

パソコンおよび周辺機器

リサイクルショップではパソコンや周辺機器が大量に販売されています。

意外な売れ筋としては、プリンターの純正トナーが挙げられます。注意したいのは、トナーの使用期限です。いくら人気商品でも、期限を過ぎてしまっては売りものにならないので、見つけたら日付をかならずチェックしましょう。

楽器関係の商品

楽器関係の商品も、ヤフオク！では手堅い人気商品です。しかし、ギターやベースといった楽器の本体はかさばるため、あまりおすすめできません。おすすめはエフェクター系です。コンパクトな商品がほとんどなので、手軽に仕入れられ、ヤフオク！での販売に向いています。いろいろなメーカーの商品がありますが、BOSSというブランドの商品が一番人気です。その中でも、オーバードライブやディストーションといった種類のエフェクターが人気の傾向にあるようです。

見つけられれば お得な新品商品

実はリサイクルショップにも新品商品が置いてあることがあります。販売価格こそ中古価格ですが、当然ヤフオク！では新品として出品できるので、こんなにお得な商品はそうそうありません。

新品かどうかは、まずは箱の状態をチェックします。箱がキレイな場合は、店員の許可を得て、開けてみましょう。中のものが工場出荷時のビニール袋に入っているなどしてキレイな場合は新品として仕入れます。開封されていない状態であれば、新品という判断をしてOKです。

フィギュアなどであれば、密封してある透明なシールをよく見ます。注意深く見ると工場出荷時のままかどうかわかります。剥がされた形跡がなければ、新品の可能性大です。

表4　リサイクルショップで仕入れるべき商品

商品	注意点や特徴
家電製品 	・高さと幅、奥行きの合計が160cm を超過すると送料が高くなってしまうので注意 ・シェーバー、調理器具などは中古だと回転率が悪くなる
パソコン・周辺機器 	・トナーなどは使用期限に注意
楽器類 	・オーバードライブやディストーションなどのエフェクターが人気
フィギュアなど箱に入ったもの 	・箱がキレイな場合は新品未開封の可能性があるので、密封用のシールなどを要チェック

海外から仕入れよう

人気の中国仕入は偽物商品に注意!

グローバルに仕入れる

商品の仕入先は、日本国内だけにかぎりません。そもそも国内だけでは、仕入れることのできる商品にも限界があります。そこで、ここでは筆者おすすめの海外の仕入先を紹介していきます（表5）。

世界各国のAmazon

海外のAmazonで日本に正規販売代理店がない商品や、日本では高額で取引されている商品を仕入れ、ヤフオク！で販売する手法は海外仕入の中でも王道です。

Amazonはアメリカだけではなく、イギリス、フランス、イタリアなどにもサイトを持っており、日本からでも注文可能です。どこの国でも画面構成が日本のAmazonとほぼ同じなので、外国語があまりわからなくても心配ありません。

世界最大のオークションサイトeBay

世界最大のオークションサイト「eBay」で商品を仕入れる方法もAmazonと同様に人気があります。

全世界にいる数多くのユーザーが出品しており、場合によってはAmazon以上に、日本では入手困難な商品がザクザク見つかります。

商品の保証もしっかりしているので、万が一のときでも安心です。ただし、公式サイトは英語版しかないので注意しましょう。

eBay
URL http://www.ebay.com/

小ロットでの仕入も可能なアリエクスプレス

安価で仕入れられることもあり、中国からの仕入は根強い人気です。日本では「タオバオ」や「アリババ」を利用した商品輸入がポピュラーですが、1つの商品あたりに必要な最低ロット（個数）が大きく、代行業者を使わないと輸入が難しいので、初心者には「アリエクスプレス」がおすすめです。少ない個数から買えるだけでなく、クレジットカードで決済できるのも魅力の1つ。中国通販サイト大手のアリババが経営しているため、安心感もバツグンです。

アリエクスプレス
URL https://ja.aliexpress.com/

海外旅行のついでに現地で仕入れる

もちろん、ネットを介さずにアメリカやヨーロッパ、韓国、中国などへ直接足を運び、現地で商品を仕入れることもOKです。

実際、海外旅行のついでに仕入をするというのはとても楽しいですよ。海外旅行を満喫して、お金も稼げるんですから一石二鳥です。

表5 海外からの仕入に役立つサイト

サイト	URL	特徴
海外各国の Amazon （画像はアメリカ版） 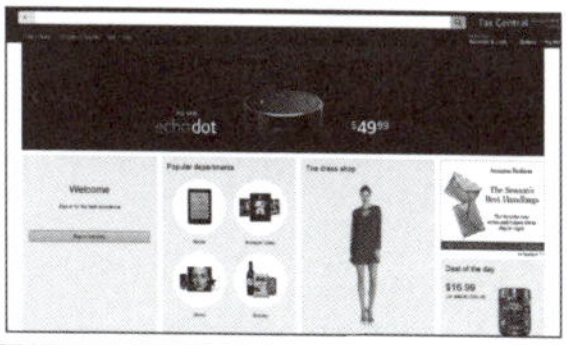	URL https://www.amazon.com/ （アメリカ版） URL https://www.amazon.fr/ （フランス版）	・プラットフォームが各国似通っているため、外国語がわからなくても利用しやすい ・日本に代理店のない商品も多数あり、高値で落札されやすい
eBay 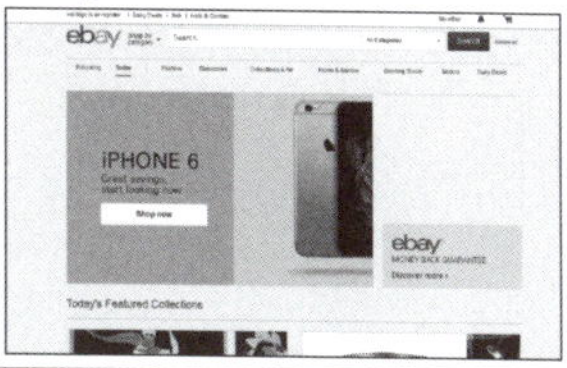	URL http://www.ebay.com/	・世界最大のオークションサイト ・日本語版のポータルサイトが充実しており、サポートも万全
アリエクスプレス （画像は日本語版） 	URL https://ja.aliexpress.com/ （日本語版）	・中国通販大手のアリババが経営 ・少ない個数から仕入が可能

メンバーズカードやポイントサイトの賢い使いかた

仕入れるだけで得するポイント制度を使わない手はありません！

ポイントで仕入がお得に

新品の商品を仕入れる際、常にメンバー優待制度を意識しておくと、1つあたりの仕入単価を安くすることができます。

たとえば、チェーン店のスーパーマーケットなどの場合、「メンバー」になると総額から○％引き」などのサービスで優待している店が数多くあります。

住所、氏名、メールアドレスなどを登録するだけで会員になれるものがほとんどなので、これを活用しない手はありません。

定期的にセール情報などのお得なニュースがメールで送られてくるので、「うっかりセールにいき忘れた！」といった事態を防ぐことができます。商品を仕入れるうえでセールを逃してしまうのは痛恨のミスなので、これだけでもじゅうぶんお得です。

また、クレジットカードのポイントやマイレージが貯まる機能などを利用しておけば、あとになってから仕入で貯まったポイントやマイレージが使えるので、結果的にいつも以上に安く仕入れることも可能になるのです。

優待制度は実店舗だけではない

スーパーマーケットなどの実店舗だけでなく、インターネット上での仕入でも優待制度はうまく活用したいものです（図5）。

中でも、楽天市場は多くのポイントサイトと提携しています。

ポイントサイトとは、そのサイトを経由してショッピングすれば購入価格の数％の還元ポイントをゲットできるお得なサイトのことです。

こうしたサイトの還元率は高くても1％程度の場合がほとんどなので、自分が好きなポイントサイトを利用すればよいでしょう。

筆者のおすすめはハピタスです。ほかのサイトと比べても還元率が高めに設定されているケースが多く、また、貯まったポイントを換金する際の手数料がゼロなのもおすすめのポイントです。

ハピタス（図6）

URL http://hapitas.jp/

このほかにも、ポイントサイトは数多く存在しています。自分がよく出品する商品を多く扱っているようなポイントサイトに登録してみましょう。

ただ漠然と仕入をするだけではなく、それと並行してコツコツとポイントを貯めていけば、もっとおこづかいを効率的に増やすことができるのです。

図5 お得な優待制度

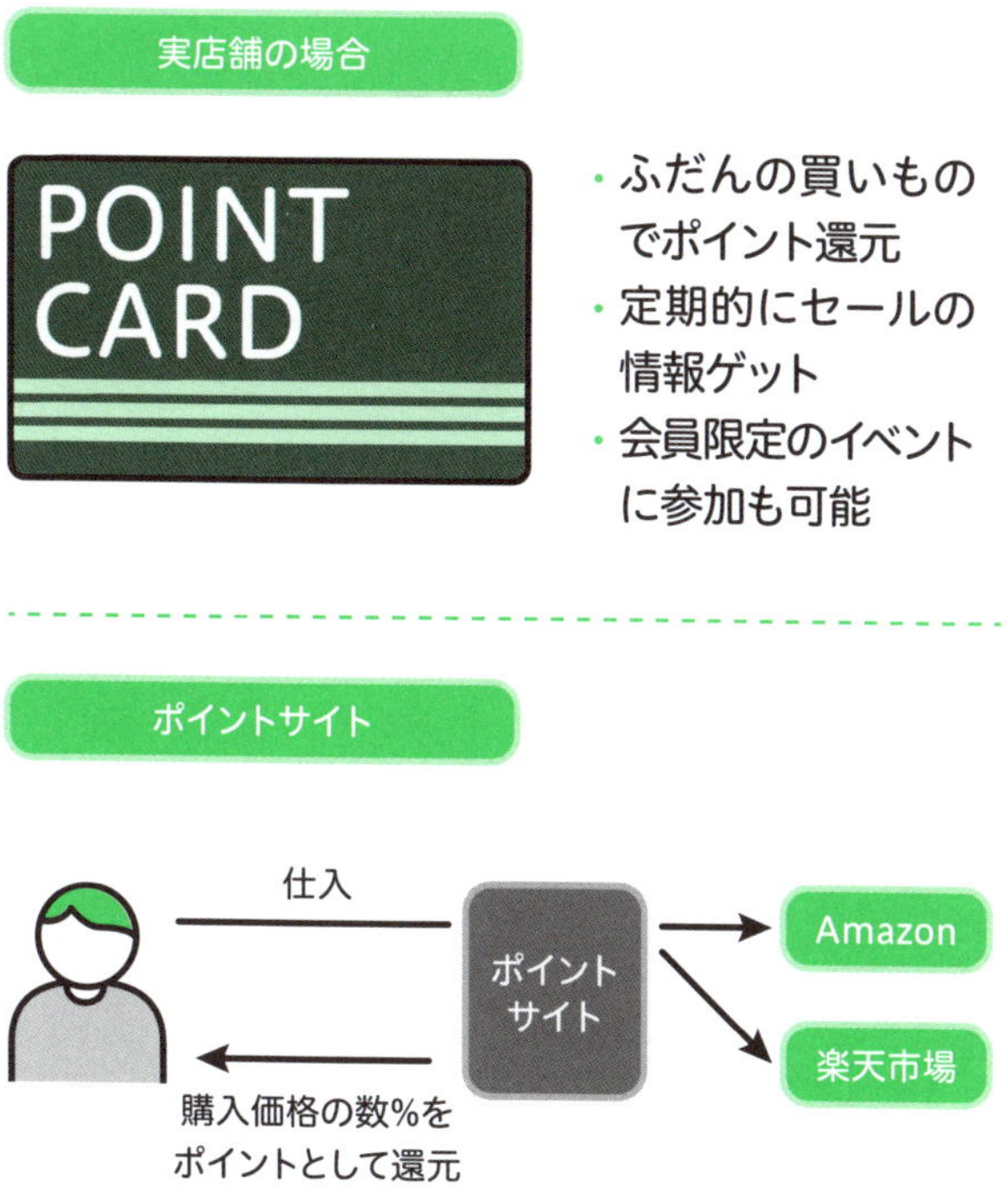

図6 筆者おすすめのハピタス

偽物に注意！

偽物商品の販売は「知らなかった!」では済みません

こんな商品に偽物が多い！

ヤフオク！にかぎらず、ネットで買い物をしていると、誰でもルイ・ヴィトン、クリスチャン・ディオール、グッチ、ロレックスなど、超高級ブランドの偽物を見たことがあるかと思います。

最近だと、次のような商品で、偽物が多数出回っています。

- オーディオテクニカ社の製品
- BOSE社の製品
- CD・DVD
- アニメキャラなどのフィギュア
- カー&バイク用品

偽物の見極めかたは？

このように、数多く出回ってしまっている偽物商品ですが、相場より極端に安い商品は偽物の可能性が非常に高いです（図7）。

たとえば、通常100万円以上するようなロレックスの腕時計がたったの数万円で販売されていたら、誰でもおかしいと感じるはずですよね？

つまり、高級ブランド商品の偽物であれば、販売価格を見れば偽物か本物か素人でもだいたい判断できるということです。それに、実店舗の場合、基本的に本物は正規販売店もしくはリサイクルのブランドショップなどでしか買うことができないので、販売している店舗をチェックすれば一目瞭然です。

では、「高級ブランドではないものの、ブランド商品であるもの」についてはどうすればいいのでしょうか。

正直なところ、「これだ！」という決め手は残念ながらありません。

決め手がないからこそ、「あれ？」と思ったら、積極的に質問してみることをおすすめします。

質問をしてみて、無視されてしまったり、妙に歯切れの悪い回答しかもらえなかったりする場合は、「クロ」だと思っていいでしょう。

最悪の場合は逮捕も

ヤフオク！で販売する商品の仕入先として人気の中国では著作権侵害のキャラクターグッズなどが「これでもか！」というほど売られています。高級車のエンブレムをモチーフにしたコピー商品や、高級アパレルブランドのバッタものなど、やりたい放題です。このような例を挙げると、正直、キリがありません。

　これらの偽物を仕入れて販売してしまうことは、ヤフオク！の規約うんぬんの以前に、そもそも法律違反です。販売してしまうと、最悪の場合は法律によって裁かれてしまうというケースもあります。

「知らなかった！」

「少しくらいなら……」

「みんなやってるし……」

という甘い気持ちで取り組んではいけません。

　いくらおこづかい稼ぎとはいえ、ヤフオク！での商品販売はビジネスですから、胸を張ってやれる正攻法しかあり得ないに決まっています。

　一度、道を踏み外したら、もう、そこですべてが終わりです。

　依然としてこういった商品をヤフオク！で販売している人もいますが、断固として販売してはいけません。

　もし販売してしまうと、アカウント（Yahoo! JAPAN ID）削除、強制退会処分になる可能性が高く、一度アカウントを削除されると、再度取得するのは至難の業です。

　ヤフオク！だけでなく、ビジネスで成功する秘訣は真正直に取り組むことです。

　変な考えは捨てて、正々堂々と勝負して稼ぐことだけを考えましょう。

図7

偽物の見極めかたの例

正規品

エルメスバッグ

150000円～

- 商品名がしっかりしている
- 適切な価格設定
- 商品画像がある

偽物

エルメス風バッグ

？

3000円～

- 商品名に「●●風」「●●激似」などの単語がある
- 価格が異常に安い
- 商品画像がない

ハンドメイドで商品をつくる

ものづくりが好きな人なら一石二鳥のジャンルです!

人気上昇中のハンドメイド品

・レザーウォレット
・バッグ
・フェルト人形
・アクセサリー
・フィギュア

最近、これらのハンドメイド商品は意外と人気があります。比較的簡単に製作できるものから、ちょっと凝ったものまで、さまざまなものが販売されています。

意外なところでは、**イラストや油絵**も人気があります。

こうした背景もあり、現在ヤフオク!には、ハンドメイドジャンル専用のページが存在しています（図8）。ちなみに、図9の商品は、筆者が製作したハンドメイドのアクセサリーです。

こういう1点ものの商品は、製作するのに案外時間がかかることもあり高値で売れます。

図9の商品ですが、都内の問屋で原材料を購入していて、**1個あたりの材料費は、100円もかかっていません。**

しかし、画像を見てみるともっと高価に感じる人もいるのではないで

図8

ハンドメイド商品の専門ページ

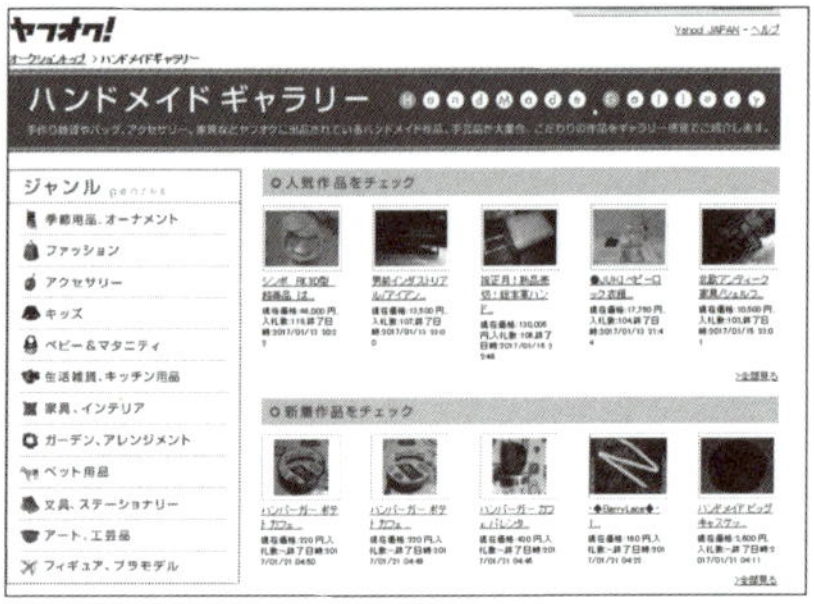

しょうか。

この商品は、たくさん製作し、1つあたり3500円くらいでよく売っていました。**利益率はなんと97%です！**

そのうえ、好きな人であれば製作する作業も楽しく感じるはずで、まさに一石二鳥です。

ためしに、ヤフオク！にどんなハンドメイド商品が売られているか見てみるとよいでしょう。

洋服をはじめとし、アクセサリー、生活用品、さらには家具など、結構意外なものが意外な価格で取引されているのがわかります。

あなたにもきっと自分でつくれるものがあるはずです。

図9 筆者製作のアクセサリー

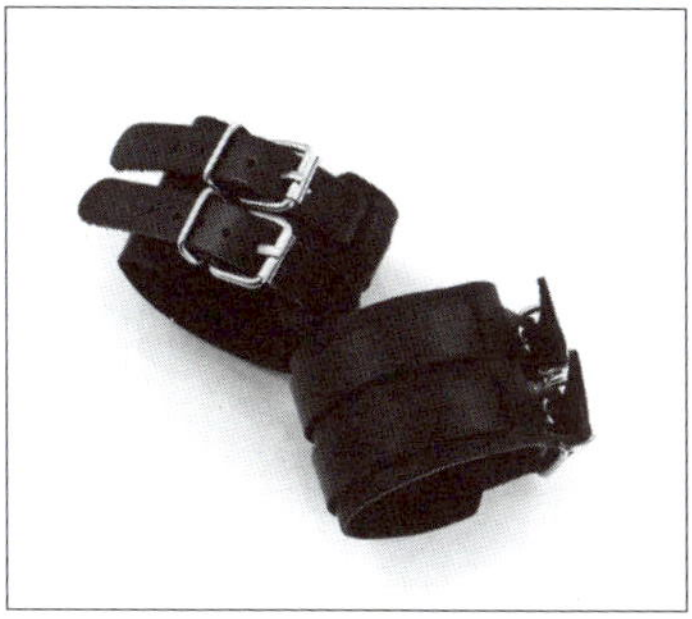

ハンドメイド商品で注意したいこと

ただし、こうした商品を扱う際には注意点があります。たとえば、使えなくなったブランド商品のバッグの革などを使って製作したものを販売することはNGです。

生地（素材）を見ただけでブランド名がわかるもので別の商品を製作して販売すると、商標権の侵害に該当してしまうのです。

アニメやマンガなどのコスプレ衣装を自分で製作して、営利目的で販売する場合も「著作権」や「商標権」を侵害してしまう可能性があるので、注意が必要です。

意外と知らない人も多いので気をつけましょう（図10）。

ヤフオク！以外にも販路アリ

もしハンドメイドの商品を製作するようになり、どんどん量産できるようになってきたら、ヤフオク！のほかにも、

minne（ミンネ）
URL https://minne.com/

Creema
URL https://www.creema.jp/

といったハンドメイド専門の販売サ

図10 人気のハンドメイド商品と注意点

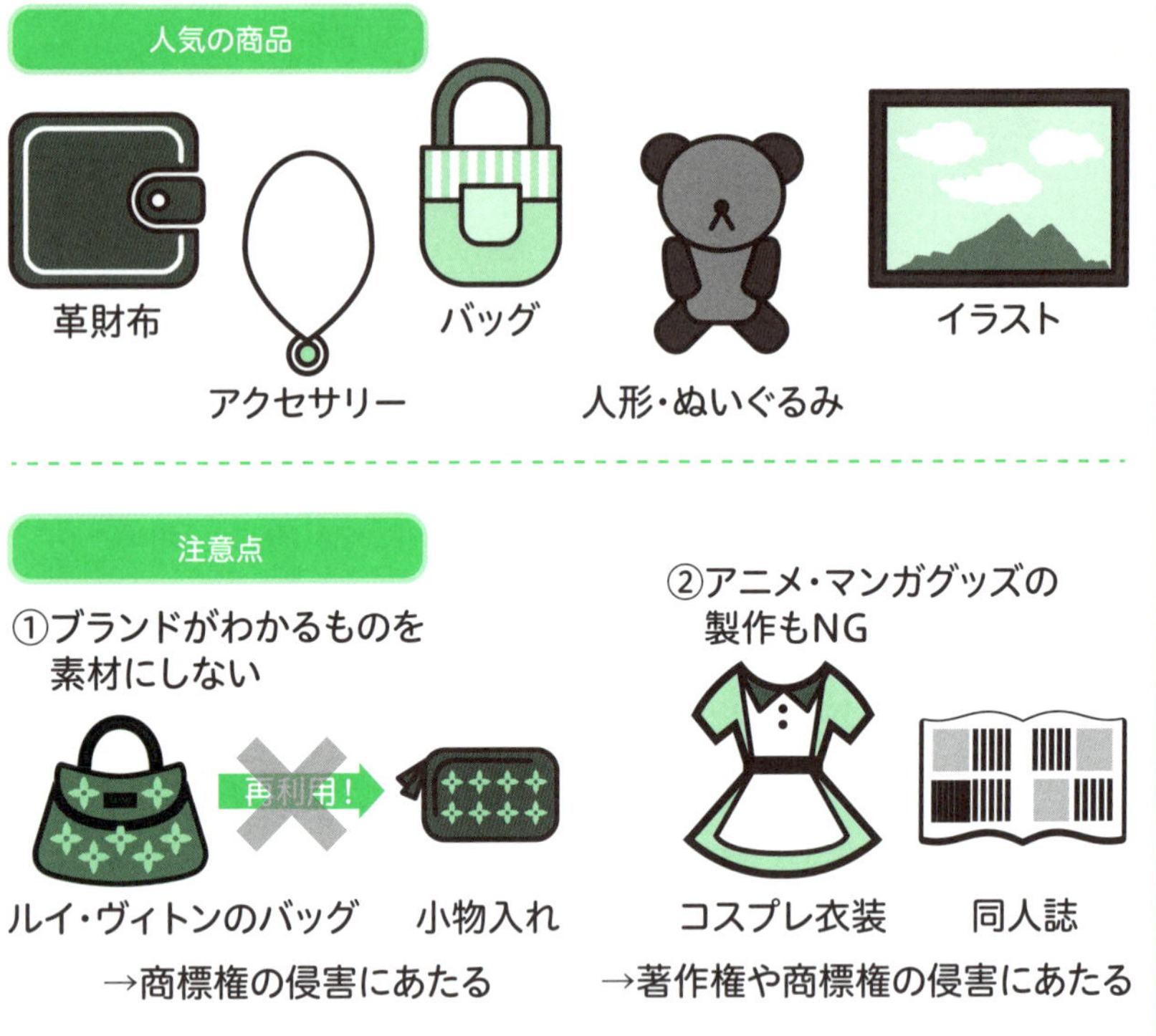

図11 ハンドメイド商品の販売サイト

イトなどでも販売することが可能です（図11）。
こういったハンドメイド商品の販売なら趣味を活かして稼げますね。

Chapter 5
売上アップのポイント

- 商品説明文を書くときの注意点
- 商品画像はとっても重要
- 商品別！画像作成テクニック
- 数多くアクセスしてもらうには
- 価格よりもアイデアで勝負しよう
- ユーザーとのやりとりを売上につなげよう
- ニーズを分析しよう
- テンプレートでキレイなページをつくろう

商品説明文を書くときの注意点

簡潔に正直に書いて
商品の魅力と出品者の
誠実さをアピールしましょう

商品の実物が見えないからこそきちんと説明しよう

ヤフオク!では商品を手にとって見ることができません。なので、商品の詳細説明はできるだけ細かく、わかりやすく書くのが基本です(図1)。そして、それが落札されやすくなる秘訣でもあります。

せっかく出品したのになかなか落札されないということはなにか理由があります。たとえば、入札者側からすると情報不足で購入するには不安があるという場合などです。この不安をなくせば自然と落札されやすくなるはずです。

出品ページを訪問する人は、いわばその商品を「買いたい!」「ほしい!」と思っている人です。しっかりとその人たちに、適切な情報を届けることが成功の第一歩です。

したがって、商品説明文はくわしいだけではなく、買いたいと思っている人がほしいであろう情報、知りたいであろう情報が網羅されていると いうのが理想的です。CDやDVDであれば、商品名だけでなく、収録内容をすべて記載するのが基本です。

説明に不足があると質問がたくさん来るため、その回答の手間を減らすことにもつながります。

説明文はわかりやすく、簡潔に

一方で、あまりにも商品説明文が長すぎると逆に読む気がなくなってしまうのも事実です。

読んでもらわないことには本末転倒です。なので、読みやすさや、わかりやすさを最優先に書くように心がけましょう。

たとえば、家電であれば商品サイズや型番、消費電力などのスペックに関することは、ダラダラ長く書くよりも、箇条書きにするだけでかなり読みやすくなります。

マイナス面もしっかり書こう

落札後の不要なトラブルを避けるという意味でも、商品のマイナス面のことはしっかりと記載しておきましょう。いくら説明文でとりつくろったとしても、落札者に商品が到着すればすべてバレてしまいます。

特に、**ダメージや汚れがある商品の場合、そのことをしっかりとありのままにくわしく書く**ことが重要です。正直になりましょう。

そのほかの注意点

ほかには、「どんな人向けか？」という情報も意外に重要です。

また、定価で購入した際の価格を記載しておくと、その商品の本来の魅力や、出品されている商品のお得感をアピールできます。

とにかく「**自分が買い手だったら、どんな説明文だと入札しようと思うか？**」ということを考えながら説明文を書くようにしましょう。

図1

よい商品説明の例

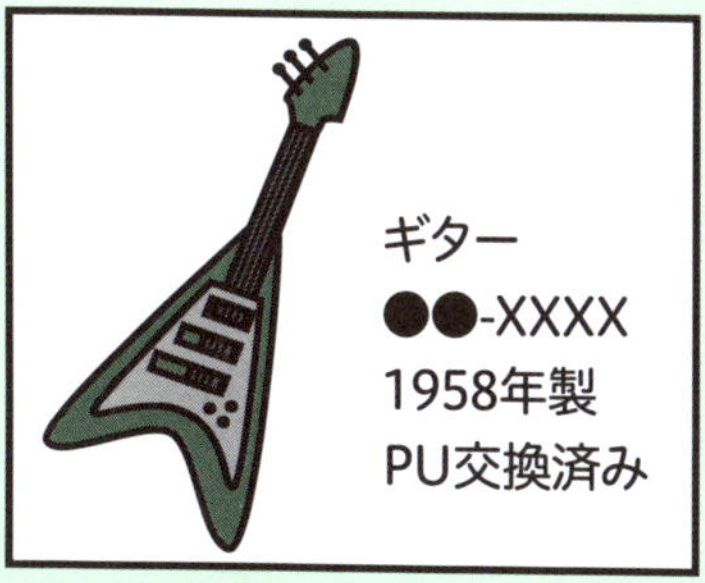

TOMSON フライングギター
1958年のビンテージ品です
→ ①製品番号などの難しい言葉がない

中古ですがフレット交換済みなので問題なくお使いいただけます
ピックアップもデンケン社のものに交換済みでパワフルなサウンドが魅力です
→ ②商品の魅力がわかりやすく書いてある

ハードロック・メタルに最適です
→ ③どんな人向けか書いてある

ヘッドに少々傷あり
→ ④マイナス面にも正直に言及

定価●●●円
→ ⑤定価があるので本来の価値がわかる

落札したあと、以下のオプション品の中から好きなものをお選びいただけます
①特製ピック
②弦
③アーム
→ ⑥特典をつけてお得感&購買意欲アップ

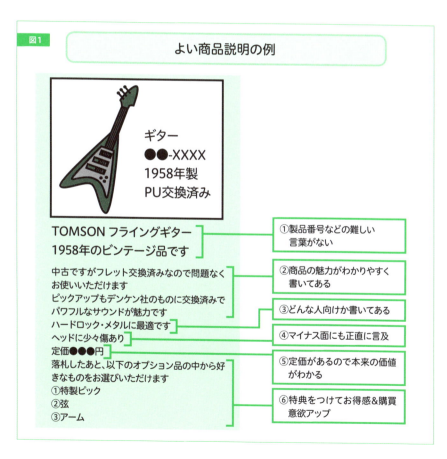

商品画像はとっても重要

直感的に「買いたい!」と思わせましょう

画像は売上に直結する

商品説明だけでなく、画像にも思いっきり注力しましょう。商品画像は商品の「顔」にあたります。売上に直結する「生命線」ともいえる、重視すべきポイントです。

何度もいいますが、ヤフオク!では実際に商品を手にとって見ることができません。出品する側としては、その中でいかにリアルに商品の魅力を伝えられるかがポイントになります。

もちろん、商品説明などの文章で説明はするのですが、人間は視覚、すなわち目から入ってきた情報を脳が分析して、瞬時に買いたいかどうかを判断するといわれています。つまり、見た瞬間に「お、これこれ!これがいい!」と思わせることが重要なのです。そのためには、パッと目に入り、インパクトの強い画像にするのがコツです。

商品のサイズや感触、材質、そして効能などが実際に目の前にあるような感じで伝わる魅力的な商品画像を用意しましょう。

とはいえ、難しいことは必要ありません。商品画像は、写真や画像加工に関する専門的なテクニックを持っていなくても、実はちょっとした知識や撮影のコツをおさえておくだけで、格段によい画像を用意することができるのです。

最重要なのは1枚目の画像

買い手に商品の魅力を伝えるうえで重要な商品画像ですが、その中でも1枚目の画像が最重要です。

検索したときに、検索結果の画面に一覧表示されるのは、その商品の1枚目の画像になるからです(図2)。

いくらインパクトが強い画像が2枚目や3枚目にあっても、買い手が商品ページを訪問しなければ見られないのであまり意味がありません。

そうしたときに悩むのが付属品がたくさんある商品です。この場合は、1枚目にすべてが見られる画像を用意するケースもありますし、2枚目、

図2

検索結果に表示されるのは1枚目の画像

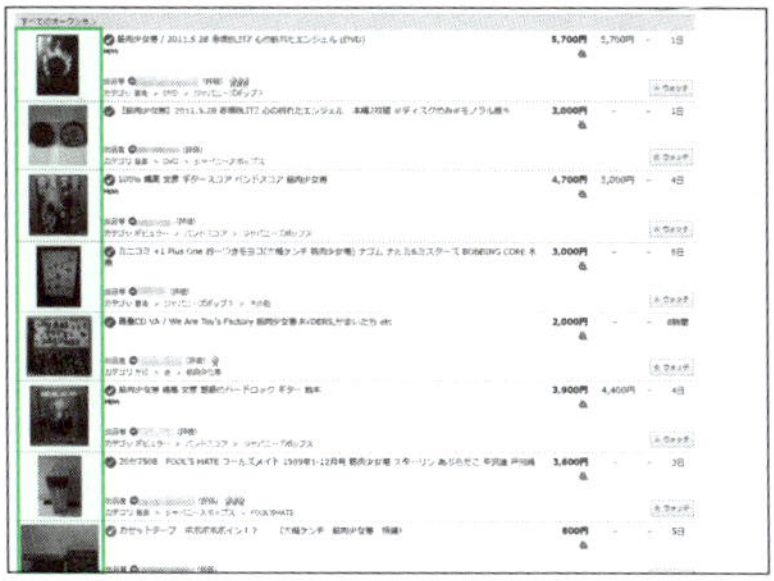

3枚目で付属品一覧を見せる手もあります。どちらがよいというのは商品にもよります。いずれにせよ、ユーザーの立場になって、どんな画像が購入欲や興味を引き寄せる画像かをよく考えて慎重に選びましょう。

全体像を重視しよう

ここからは撮影する際、気をつけてほしいポイントを紹介します。

まず、商品の全体像がよくわかるキレイな画像を用意するのが基本です。ひと目で商品の魅力を伝えるということを頭に入れ、同時に商品の全体像がわかるカットにするということを強く意識して撮影します。

角度を変えてみたり、光の加減を変えたりして、何枚か撮影して一番よいと思える画像を選びましょう。

画像の背景にも注意

背景も意外に重要です。特に衣類や靴、アクセサリーなどは、なにも考えずに家の壁や机に置いたまま撮影してしまうと、商品の輪郭がよくわからずにせっかくの商品の魅力が伝わりづらくなってしまいます。

なにかしらの特別な道具を用意しなくても、家庭にあるようなカーテンやタオル、模造紙などを背景に使うだけで、大きくイメージが変わります。何色か実験してから撮影して見ましょう。

携帯電話でパパッと撮影したような粗い画像をアップする人も多いですが、本当に稼ぎたいのであれば、キチンと撮影しましょう。たったこれだけのポイントをおさえるだけで、入札数や落札額に大きな差が出ます。

商品別！画像作成テクニック

たったのひと手間で
見違えるような
画像を撮影できます

アパレル系商品はマネキンを活用

前の節では、商品画像がヤフオク！においては売上に大きく影響すること、また、1枚目の画像に注力することが重要であると説明しましたが、ここからは商品別の画像作成のテクニックをご紹介します。

まずはアパレル系の商品です。

アパレルやアクセサリー系の商品を多く扱う人の場合は、トルソー（胴体だけのマネキン）などに商品を着用させてみましょう。そうすることで実際に着用するイメージが湧き、落札されやすくなります（図3）。いくら説明文で商品の質のよさをアピールしたところで、実際に着用するときのイメージが湧かなければ落札の決め手にはなりません。マネキンは、ヤフオク！で手ごろな価格で手に入ります。衣類やアクセサリーを多く出品しようと考えている人は、ぜひとも事前に購入しておきましょう。

靴にはアンコを入れる

靴、特にブーツ類のものは、なにも補強せずに置いたままだとつぶれてしまいます。なので、中にアンコ（詰めもの）を入れるとよいでしょう。新聞紙などの簡単なものでOKです。

衣類やアクセサリーなどと同じで、靴も実際に着用したときの見映えが落札に直結します。

たったひと手間で済むので、靴を出品する際は試してみてください。

CDやDVDは光の反射をおさえる

CD、DVDやゲームソフト、またガラス製の商品などは、蛍光灯の下で撮影すると光を反射してしまう場合が多々あります。こうなってしまうと、せっかくの商品がまったく見えません。

その対策として、撮影ボックスやスキャナーを使うことをおすすめします。

撮影ボックスとは、フィギュアや

小物類を撮影する際に使われるミニチュアのフォトスタジオみたいなものです。商品によっては「撮影ブース」、「フォトスタジオ」などとも呼ばれます。これを使えば、不要な光をカットしたり、逆にもっと光がほしいときにも活用できたりするので非常に便利です。

また、現在販売されている家庭用プリンターには、スキャナーの機能が搭載されているものが増えてきています。

「撮影用の機材を買うほど本格的にやる気はそんなにないなあ」という人は、まず家で使っているプリンターを確認してみてください。もしスキャナー機能があれば、ラッキーです。

スキャナーの使いかたは、出品したいCDやDVD、ゲームソフトなどをセットし、スキャンするだけです。

このとき、商品を適当にスキャナーに置いてしまうとゆがんだ画像がスキャンされてしまうので、しっかりとまっすぐに置いてスキャンするようにしましょう。

たったこれだけのひと手間で、商品の「顔」である画像がキレイに作成できるのです（図4）。自宅にプリンターがある人は、いますぐに確認してみましょう。

図3 大事なのは着用時のイメージ

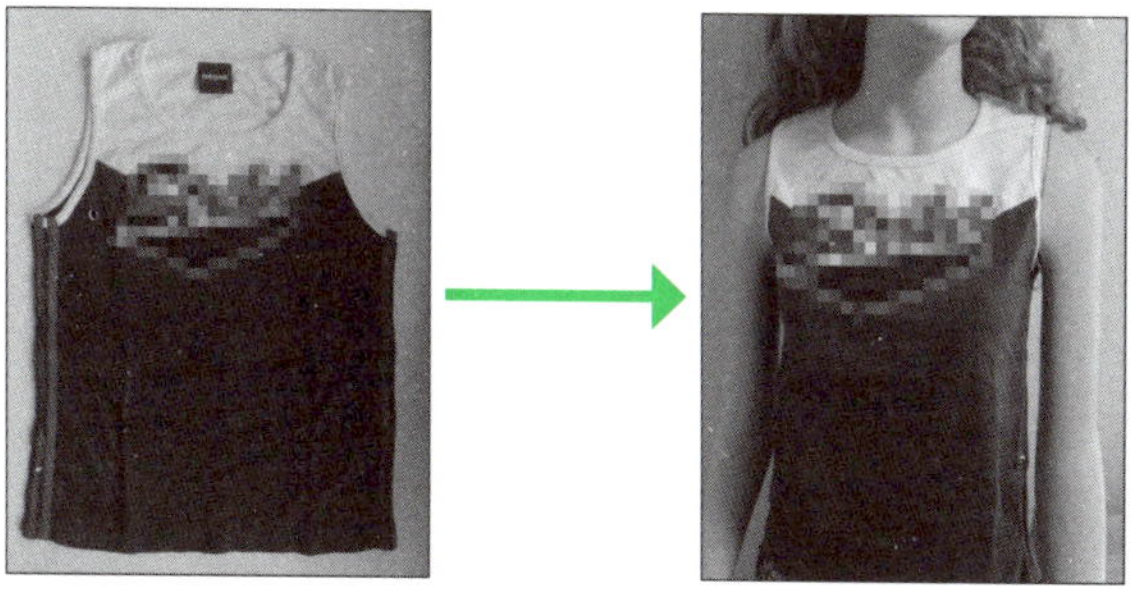

図4 スキャナーでこんなにキレイに

数多くアクセスしてもらうには

数あるほかの商品に勝つためにキーワードを工夫しましょう

類似商品に勝ち抜くために

ヤフオク!で出品するときに、最も意識しなくてはいけないことといえば、「検索にヒットさせること」です。

いくら商品力があっても、説明文やタイトルに入れるキーワードの選択がよくないとアクセスが集まらず、高い価格での落札に結びつきません。

そもそも、数々の類似商品が並ぶ中、しっかりと自分の出品した商品にリーチしてもらわないことには、たったの1円も稼げません。

ヤフオク!では多くのユーザーがキーワード検索で商品を探します。なので、検索結果の一覧ページから自分の商品ページへアクセスしてもらうためには、キーワードを意識しながらタイトル文を書いて出品することが非常に重要なのです。

検索対象はタイトルだけ

ヤフオク!では、商品につけられるタイトルは全角65文字までと決まっています。アクセス率を上げるためには、この文字数いっぱいに、買い手の興味を引くキーワードを盛り込んだタイトルを書く必要があります。

カテゴリを絞らずに、トップページから全オークションを対象にキーワード検索した場合、商品タイトルだけが検索の対象になります。まずは買い手がどんなキーワードで商品を探すか想像し、タイトルを練りましょう。

商品名は正確に!

正式な名称がある商品に関しては、公式サイトから正式名称をコピペするのをおすすめします。

商品名を1文字まちがえるだけで、まったく検索にヒットしなくなってしまう可能性があるので、これは徹底しましょう。

手入力する人も多いですが、うっかりタイプミスをしがちです。基本的にはコピペが一番です。

よく使われるキーワード

シチュエーションを想像できるもの

商品を使うのに最適なシチュエーションを商品タイトルに盛り込むのは有効な方法です。

たとえば、同じエアコンにしても、ただ商品名を記載するのではなく、「こんな部屋に最適です！」や「●畳の部屋用です」などと記載するだけで印象が大きく変わります。

ターゲットを明確にするもの

シチュエーションと同じく、ターゲットを明確にするものもよく使われます。

自分が家電量販店にいったときのことを考えてみましょう。節約が好きな人であれば、省エネ型のエアコンを探すはずですし、デザインにこだわりがある人なら、凝ったデザインのものばかりに目がいくはずです。ヤフオク！でも、それは変わりません。明確なターゲットをキーワードに盛り込むことで、入札率が格段に上がります（図5）。

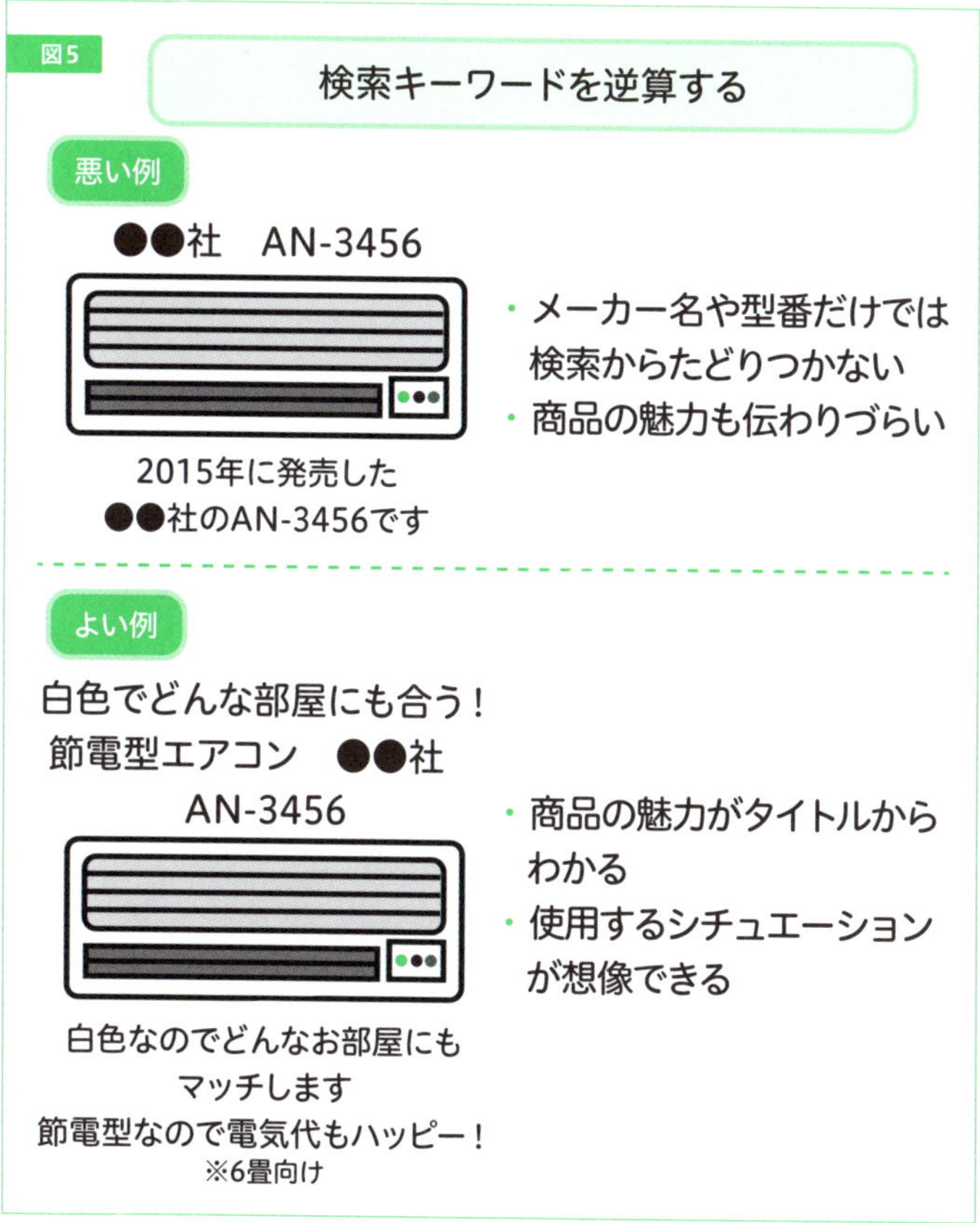

図5
検索キーワードを逆算する
悪い例
●●社　AN-3456
・メーカー名や型番だけでは検索からたどりつかない
・商品の魅力も伝わりづらい
2015年に発売した
●●社のAN-3456です
よい例
白色でどんな部屋にも合う！
節電型エアコン　●●社
AN-3456
・商品の魅力がタイトルからわかる
・使用するシチュエーションが想像できる
白色なのでどんなお部屋にも
マッチします
節電型なので電気代もハッピー！
※6畳向け

価格よりもアイデアで勝負しよう

売れない商品も
アイデアしだいで
入札されやすくなります

安易に安売りに走らない

ヤフオク!でいくつか出品を経験すると、売れる商品もあれば、あまり売れない商品も出てきます。

しかしそこで売れないからといってやみくもに価格を下げて販売するのはとてももったいないことです。価格勝負で出品をすると、ただの安売りになってしまい、利益がなかなか出ないからです。

商品が売れないときには安売りに走るのではなく、アイデアで勝負して、できるだけ高い利益を得ることを考えましょう。

売れない商品はセットで販売

そうはいっても、やはり単品での販売だと価格勝負になってどう考えても利益が出ない、という商品も実際にはあります。

そんなときには2個セット、5個セット、10個セットと、**ひとまとめにして販売する方法が効果的です**（図6）。

特に消耗品関係を販売するときには非常に有効な手段です。

みなさんもコピー用紙やプリンターのトナーなどの消耗品を買う際、いますぐ必要というわけでもないのに、今後のことを考えて一気にまとめ買いをした経験があるかと思います。

その心理を逆手にとった販売戦略ということです。

数量をまとめて販売すると、**単品販売よりもはやく在庫を売り払える**という利点があります。また、その商品を使う際に必要となるであろう商品も組み合わせ、まとめて販売すれば、さらに高い価格で売ることも可能です。

送料負担も軽減できる

インターネットで買いものをするような人は、価格にとてもシビアです。中でも送料には厳しい目が向けられています。

送料は、いろいろな商品をバラバ

ラに購入し、商品の数が増えれば増えるほど、加算されます。たとえば生活消耗品を考えてみましょう。送料400円のシャンプーを使い切るたびに購入し、その数が10回になれば、累積した送料は4000円にもなってしまいます。

　これがもし10個セットで販売されていれば、送料は1回分の400円で済みます。これなら、買い手の「どうせ使い切ったらまた買うんだし、送料も得だし買っちゃおう」という心理を誘発することができるのです。

　このように、商品のまとめ販売は非常に効果があります。なにも考えずにとりあえず価格を下げてしまい、安値で売ってばかりではなにも改善されないだけでなく、負担が増え、疲弊してしまいます。常にトライ&エラーの精神で、実践していきましょう。

図6

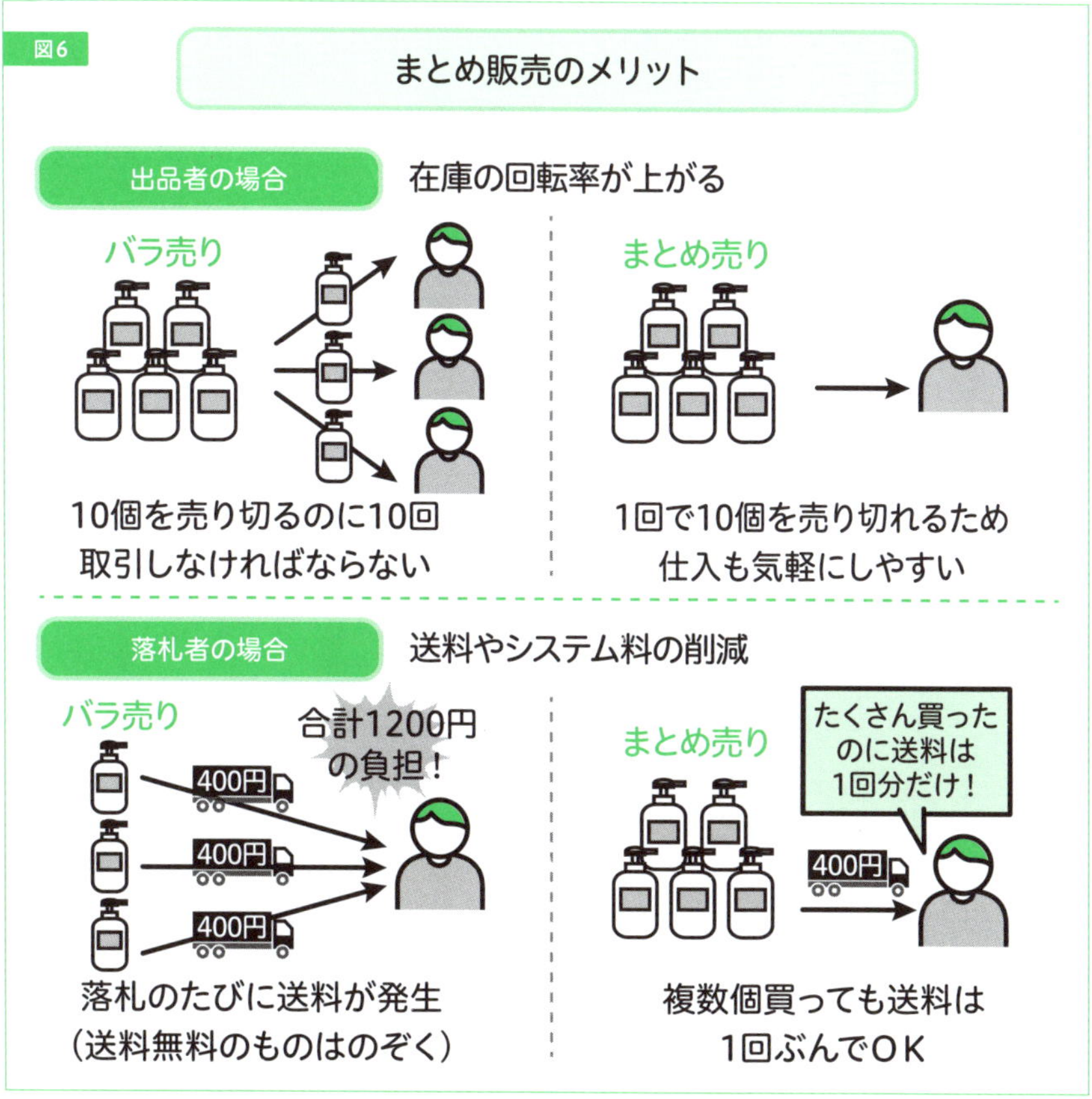
まとめ販売のメリット
出品者の場合
在庫の回転率が上がる
バラ売り
10個を売り切るのに10回取引しなければならない
まとめ売り
1回で10個を売り切れるため仕入も気軽にしやすい
落札者の場合
送料やシステム料の削減
バラ売り
合計1200円の負担！
400円
400円
400円
落札のたびに送料が発生（送料無料のものはのぞく）
まとめ売り
たくさん買ったのに送料は1回分だけ！
400円
複数個買っても送料は1回ぶんでOK

ユーザーとのやりとりを売上につなげよう

「質問」と「値下げ機能」を有効活用しましょう!

やりとりできる機能は2つだけ

ヤフオク!で、落札される前に出品者と入札希望者が直接やりとりできるシステムは、次の2つです。

- 質問
- 値下げ交渉

せっかくやりとりできるシステムがあるのなら、使わない手はありません。対面取引ではないからこそ、こうした機会を有効活用しましょう。

質問には迅速な対応を

質問には迅速に、そしてくわしく回答すると入札につながります。

自分が質問した場合を考えてみてください。何日も質問への回答がないと、その商品を購入する気がなくなったり、出品者への怒りや不信につながったりしてしまいますよね。

回答のスピードだけでなく、内容についても同様です。適当に回答されたら購入する気が薄れてしまうはずです。

正確な回答ができない場合にも、無視したり、適当な返答をしたりするのではなく、素直に「ご質問の件に関しては大変申し訳ないのですがわかりかねます」などと回答したほうがまだマシです。適当に回答してしまうと、あとで問題が発生したときに不利になるので、調べてもわからないことは正直にわからないといったほうがよいのです。

質問した人以外も質問を閲覧することができるので、無視してしまうのも当然いけません。「この人は質問を無視するような出品者なんだな」と思われてしまっては入札されなくなってしまいます。

値下げ交渉を有効活用

ヤフオク!には「値下げ交渉」という機能があります（図7）。値下げ交渉とは、出品者が設定したときにのみ発生するもので、買い手側から出品者に、希望する落札価格を伝えられる機能です。もし希望価格に出品者が同意した場合、その価格での落札が決定します。

　この機能は一見、買い手側のためだけのものに思えますが、売り手側からも有効活用できるのです。

　たとえば、平均落札価格が1万円の商品を値下げ交渉可能で出品する場合、やはり最低でも平均落札価格である1万円以上で売りたいので、スタート金額は1万5000円で出品し、1万円以上で価格交渉が来るのを待ちます。

　そしてもし、1万円を超えるような価格で交渉してくる人がいれば同意します。そうすることで、買い手側としても交渉で値切れたことになるうえ、「交渉に応じてくれるよい出品者だ」という評価を獲得できるので、双方に利益が出るのです。

　それに、値下げ交渉は売りたい金額で交渉してくる人を待つだけなので、めんどうなこともありません。

もしものときはブラックリストへ

　値下げ交渉可能として出品していると、たまに1円や10円といった価格で交渉してくる人もいますが、そういう交渉はすべてバッサリ却下しましょう。

　最終的にいくらで販売するかは出品者が決めることなので、値下げ交渉を受けなかったという理由で反感を買ったり、恨まれたりする筋合いはまったくありません。

　もし失礼なユーザーがいたら、ブラックリストに入れましょう（Chapter 6「ブラックリストを活用しよう」参照）。以降は価格交渉や質問ができなくなり、安心できます。

図7

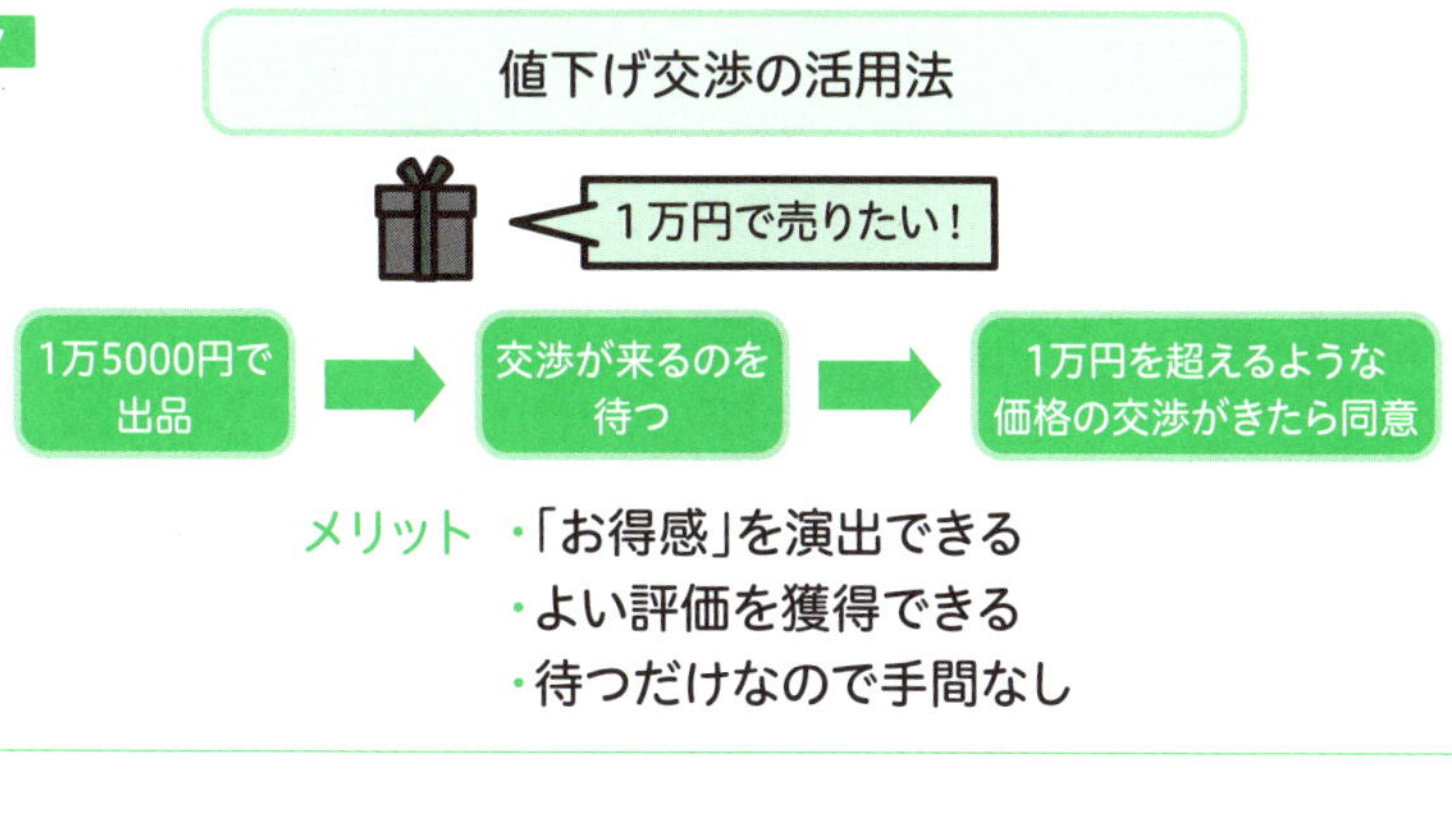
値下げ交渉の活用法
1万円で売りたい！
1万5000円で出品
交渉が来るのを待つ
1万円を超えるような価格の交渉がきたら同意
メリット
・「お得感」を演出できる
・よい評価を獲得できる
・待つだけなので手間なし

ニーズを分析しよう

コンスタントに稼ぐには
社会の関心を知りましょう

ニーズに適切に届ける

ヤフオク!では、ただこちらが売りたい商品を一方的に出品するだけではダメです。それで運よく売れることもありますが、コンスタントに稼ぐためにはニーズを探り、それを満たす商品を適切に届けることが必要です（図8）。

常日ごろからデータをチェックし、めぼしい商品が見つかったら即座に過去の相場を調べ、同じ商品がどこかで安く手に入らないか探していきます。

と、いわれてもそう簡単にニーズは見つかりませんよね。

そこで、実際に筆者が活用しているサイトを紹介します（図9）。

最新 急上昇ワード
- Yahoo! 検索データ
URL http://searchranking.yahoo.co.jp/rt_burst_ranking/

図8
ニーズへ適切に届けるイメージ

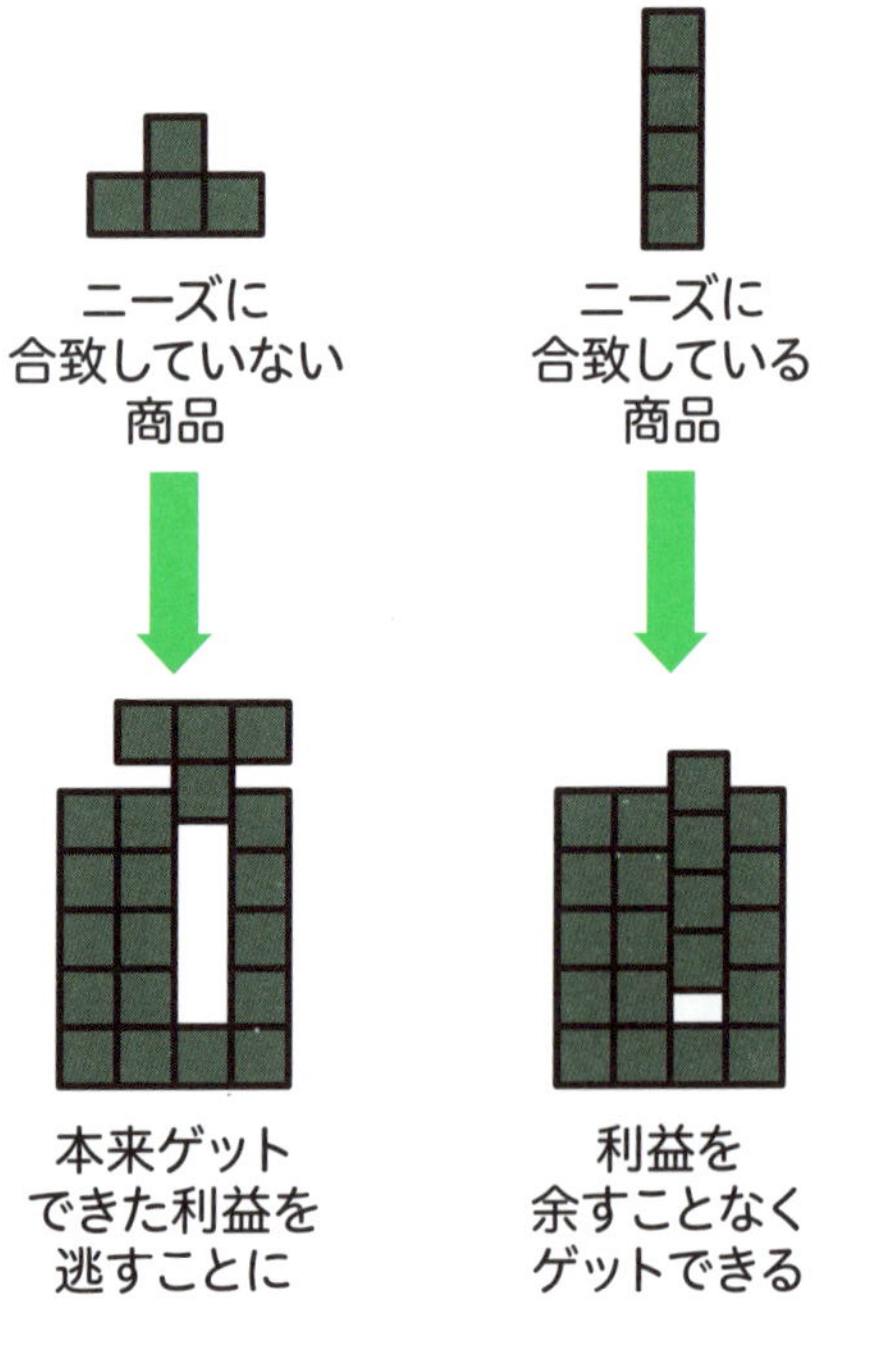
ニーズに
合致していない
商品
本来ゲット
できた利益を
逃すことに
ニーズに
合致している
商品
利益を
余すことなく
ゲットできる

図9

「最新急上昇ワード」でニーズを分析

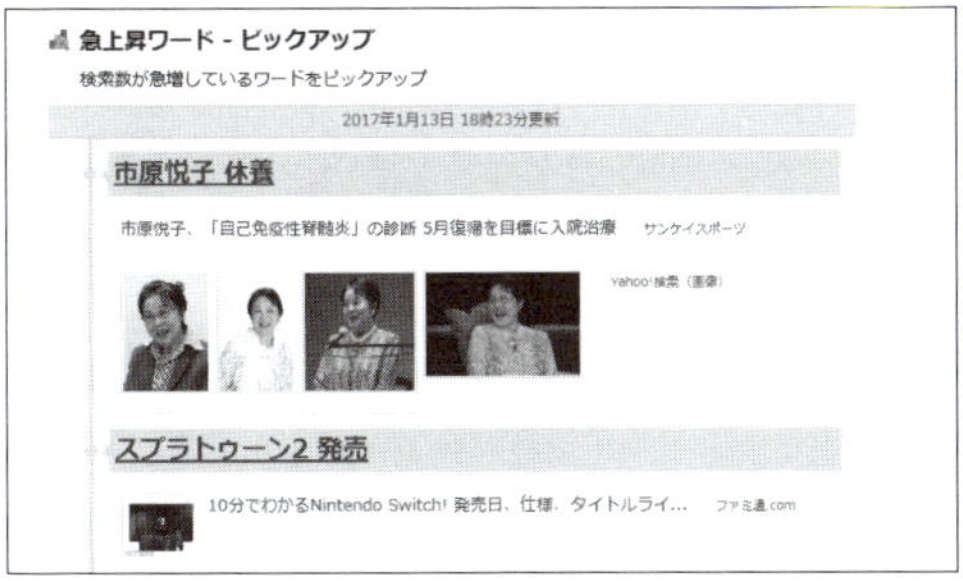

このサイトは文字通り、最近検索数が増えたキーワードをランキング形式で表示するサイトです。ここで上位に表示されているものは、社会的に大きなニーズがある、たくさんの人の関心があるキーワードだということになります。

これらのキーワードに付随した商品、関連する商品を瞬時にリサーチし、ほかの人に先んじて安く仕入れることができれば、簡単に商品を売れるということです。

ねらいを定めたら、ヤフオク！だけでなくメルカリなどでも同時に探してみると、予想以上に安く仕入れられる可能性が広がります。

オークファンのデータを調べる

もっと深く、効果的なリサーチをしたい場合には、オークファンが提供している「オークファンキーワードアドバイスツール」を活用しましょう。

有料ではありますが、急上昇ワードと違い、オークションだけに特化したキーワードのデータを見ることができます。

オークファンキーワードアドバイスツール
URL http://aucfan.com/keyword_advice

オークファンの有料会員である「プレミアム会員」になれば、このキーワードアドバイスツールだけでなくさらにいろいろな機能を使い、効率的なリサーチができます。

資金に余裕が出てきたり、「もう少し儲けてみたい」と思うようになったりしたら、登録してみましょう。

テンプレートでキレイなページをつくろう

HTMLを使わず
出品ページをアレンジ
しましょう

出品ページのアレンジをしよう

出品ページのアレンジには、出品用のテンプレートを使うことをおすすめします。

HTMLのタグを自分で入力し、自分好みの出品ページをつくることもできますが、ヤフオク！初心者の場合ではHTMLがよくわからないという人も数多くいるかと思います。そうした人でも、テンプレートを使えば簡単に、キレイで見映えのよい出品ページを作成できます。

作業の効率化にも

テンプレートを利用すると、好きなものを選んでテンプレートに説明文を入力するだけなので出品時間の短縮にもなります。本当にキレイにレイアウトされるので、説明文の見映えがよくなるだけでなく、商品の見映えが何倍もよくなることもあります。

商品に合わせていろいろなデザインや色のテンプレートを選べるので、柔軟に使いわけましょう。

最近では高機能のテンプレートもたくさん提供されており、商品の説明文だけでなく、入金口座や発送方法、マイオークションへのリンクから送料までを幅広く設定できるテンプレートもあります。

取引の案内など、よく使う文章のいくつかのパターンをテキストファイルに保存しておけば、出品テンプレートに毎回、コピペするだけなので大幅に作業を効率化できます。

まずは実際にいくつかのテンプレートを使ってみて、自分が利用しやすいものを選ぶことをおすすめします。

Chapter 7「ヤフオク！に便利なツール」でテンプレートのサイトを紹介しているので参考にしてみてください。

Chapter 6

トラブル発生！どうしよう？

- 購入者からクレームが入った
- 悪い評価やコメントがついてしまったら
- 発送した商品が届かないときは
- 交換や返金を頼まれたら
- 連絡がとれない＆お金を払ってもらえないときは
- アカウントを停止されてしまったら
- ブラックリストを活用しよう

購入者からクレームが入った

あわてずに、
まずは状況を確認しましょう

まずは落ち着いてもらう

評価欄などを介して落札者から商品到着後にクレームが届いた場合、まずは相手を落ち着かせることが重要です。

相手はクレームを送ってくるくらいなので、怒っていたり、納得がいかなくて気分を害したりしているはずです。まずは落ち着きを取り戻してもらい、そのあとに誠心誠意、対応するように心がけましょう。

こちらに落ち度があった場合

相手が落ち着いたら、現状を確認します。確認し、こちら側に明らかに落ち度があったときには、落札されたものと同じ商品の在庫をチェックします。もし在庫があれば、代替品を送る提案をし、ない場合には返金する方向で対応するのが基本です。

また、商品が低額の場合は返金し、商品の返送は不要という提案をするのが一般的です（図1）。

高額の商品であれば、運送会社の「引取サービス」*1がおすすめです。自分で手配して商品を回収すると、着払での返送よりもコストが多少安くなるので活用しましょう。

図1 クレーム処理のフロー

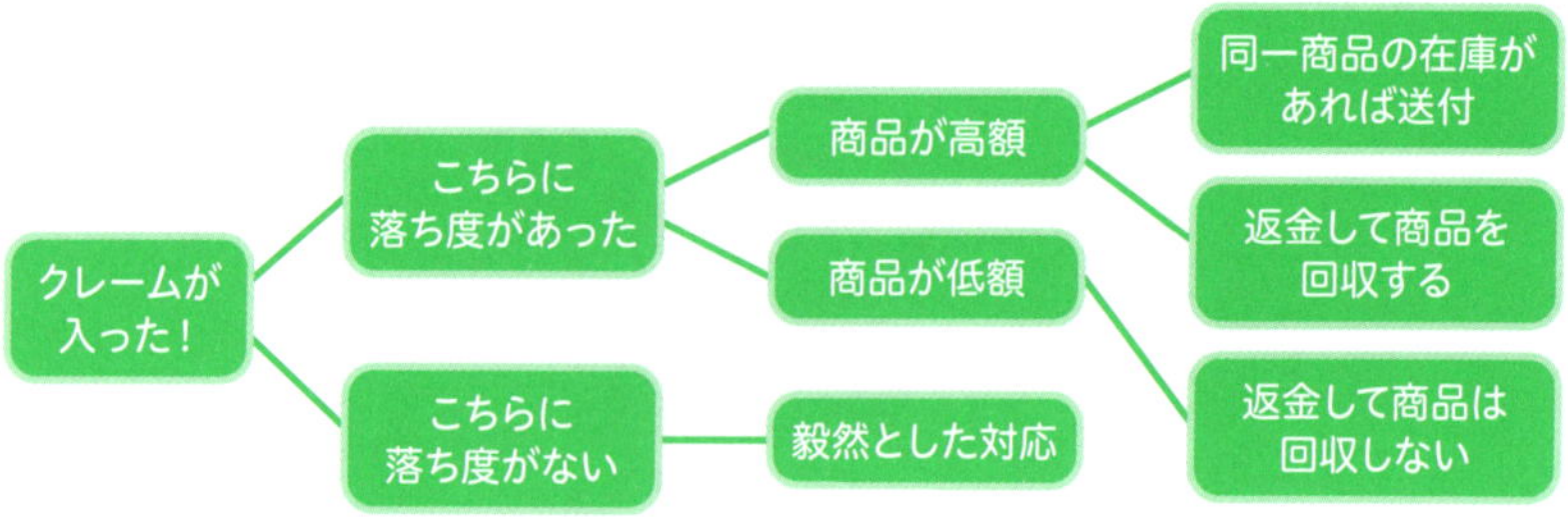

ヤマト運輸　宅急便引取サービス（図2）

URL http://www.kuronekoyamato.co.jp/ytc/business/send/services/hikitori/

＊注1：引取サービスには事前の契約や打ち合わせが必要なものが多いので確認しておきましょう

落札者の好きな発送方法で返送してもらうという手段もありますが、コンビニや集荷所まで商品を持っていったり、伝票を書いたりさせる手間が発生するので、基本的には高額商品には引取サービスを手配するのがスマートです。

商品が返送され、返金が完了した際には連絡を入れると、さらに誠意が伝わるはずです。

クレーマーには毅然とした対応を

取引数が増えてくると、こちらがいくら真剣に取り組んでいてもケチをつけてくるクレーマーに遭遇することもあります。

そうした人にクレームをつけられてしまっても、丁寧に対応すれば問題ありません。必要以上に心配しなくて大丈夫です。

クレームの内容にもよりますが、もしも程度がひどく、「今後絶対にかかわりたくない落札者だな」と思った場合には、対応を終了したあとにブラックリストに登録することも考慮しましょう（本章「ブラックリストを活用しよう」参照）。

図2　ヤマト運輸「宅急便引取サービス」

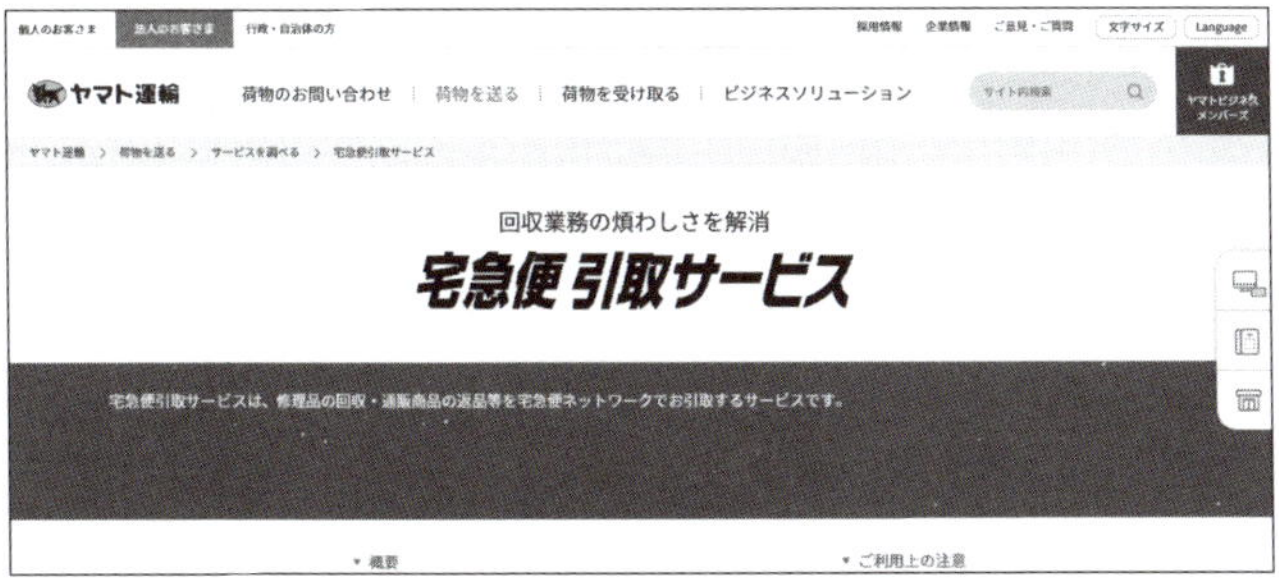

悪い評価やコメントがついてしまったら

悪い評価は変更してもらうよう積極的に働きかけましょう

第三者に判断をゆだねる

多くの取引を経験していくうちに、まじめに取引をしようとしているのになぜか「非常に悪い」の評価をつけられてしまうこともあります。そんなときこそ、冷静さを失ってしまうのではなく、**紳士的な態度で対応しましょう。**

冷静な対応をすることで、取引に関係なく、なにも知らない第三者が「出品者」と「落札者」のどちらが正論をいっているのか、という判断をしようとしたときに有利な立場に身を置くことができるのです（図3）。

稀な例ですが、「買ったけど、想像していた商品と違っていて、気に入らなかった」というような非常に主観的でこちらにはどうすることもできないような評価をつけられることもあります。

こうした極端なものをいちいち気にしていたら身も心も持ちませんので、あまり過敏にならず、ときには鈍感に受け止めるということも大事です。

評価は変更してもらえる

もし、誠心誠意しっかりと受注から発送までを対応し、販売した商品にも問題がないのに悪い評価をつけられてしまった場合、泣き寝入りしてはいけません。

こうしたときは、**積極的に落札者に働きかけてみましょう。**落札者と相談して、悪い評価をつけた理由を特定し、うまく改善させることができれば、評価を更新してもらうことも可能です。

ただし、当たり前のことですが、この場合はムリヤリ評価を変更するように圧力をかけることは規約違反になるので注意しましょう。評価の変更はあくまで「任意で」してもらうのがポイントです。

黙っていてはなにも変わりません。評価が勝手に削除されることは絶対にないので、自分から動くしかないのです。

評価はこまめにチェックしよう

ヤフオク！における評価は、多くの人が取引後にしてくれますが、実際のところは義務ではありません。なので、落札されてから発送し、落札者の手元に商品が到着するまでをしっかり迅速に完遂しても、よい評価をくれる割合は、筆者の体感でいうと全体の取引のおおよそ90％くらいです。

一方で、悪い評価は容赦なしにつけられてしまいます。

世の中にはいろいろなタイプの人間がいるので100％の評価をずっとキープすることはどう考えてもムリですが、なるべく高い評価をキープしたいところです。

たくさん取引をしていると、毎回評価を確認することがめんどうになることも多々あります。しかし、悪い評価がつけられてしまった場合には、前述のように変更してもらうこともできるのです。**評価は定期的に確認して、悪い評価がついた際には迅速に対応し、できるだけ更新してもらうようにしましょう。**

図3

対応は常に冷静に
評価：非常に悪い出品者です。　評価者：クレームつけ太郎
落札者のコメント：対応が遅く、非常に不愉快な思いをしました！みなさん気をつけてください
出品者からの返答：事前に商品説明で「発送は平日のみ、同意する人のみ入札をお願いします」と記載してありました
落札者のコメント：ほかにも入金方法が少なく、不快な思いをしました！あり得ません！
出品者のほうが落ち着いて対応しているから正しそう
第三者

発送した商品が届かないときは

できるだけ追跡番号のある発送方法を選ぶのがベターです

状況を確認できる番号がある場合

商品を発送したのに落札者から「商品が届いていない」という連絡が来たときには、まず状況確認をします。

配送状況が確認できる番号がある場合（表1）は、インターネットなどで状況を確認し、現在の配送状況を落札者に伝えます。

落札者が不在票をチェックしていない可能性もあるので、念のため管轄の営業所の連絡先と確認用の番号を伝えるといいでしょう。

状況を確認できる番号がない場合

定形外郵便など、現在の配送状況を確認できる番号がないサービスの場合、ひとまずメッセージを送ります。メッセージには、

- すでに発送は済んでいるということ
- 発送先の住所の記載に誤りがなかったか確認してほしいということ
- 同居人が受け取っていないか確認してほしいということ

などを記載するのが一般的です。

ちなみに、同じ住所に多くの世帯が密集している場合で、同姓の世帯が複数あり、別の世帯に配送されてしまったという誤配送も稀にありますが、日本の郵便事情を考えると、荷物が到着しないというケースはほぼ考えられません。

配送が不可能だった場合でも、荷物は返送されるので、商品がなくなることはほとんどありません。

しかし、こうした万が一の事態も想定しておくのが信頼される出品者になるための秘訣です。定型外郵便などの追跡番号がない発送方法で発送する場合には、前もって、

- 荷物補償がないこと
- 万が一、荷物が届かなかった場合、発送方法を選択した落札者に責任があるということ

などの事項を了承してもらってから発送することをおすすめします。

最も多いのは書きまちがい

発送した商品が落札者の手元に到着せずに返送されてしまう場合、ほとんどの原因は住所や宛名の書きまちがいです。

ただし、書きまちがいだけでなく、配送業者が誤って読んでしまう可能性もゼロではありません。手書きの場合は、数字の「1」と「7」、「0」と「6」などがまちがって読まれやすいので、書くときには特に注意するようにしましょう。

表1 状況を確認できる追跡番号

サービス名	追跡番号の有無（名称）	追跡方法
宅急便	あり （お問い合わせ伝票番号）	荷物お問い合わせシステム（https://toi.kuronekoyamato.co.jp/cgi-bin/tneko）にアクセスし番号を入力
飛脚宅配便	あり （お問い合せ送り状 NO）	お荷物問い合わせサービス（http://k2k.sagawa-exp.co.jp/p/sagawa/web/okurijoinput.jsp）にアクセスし、番号を入力
ゆうパック	あり （お問い合わせ番号）	郵便追跡サービス（https://trackings.post.japanpost.jp/services/srv/search/）にアクセスし、番号を入力
はこBOON	あり（お問い合わせ伝票番号または受付番号）	お荷物追跡サービス（http://www.takuhai.jp/hacoboon/hb180）にアクセスし、番号を入力
クロネコDM便	あり （お問い合わせ伝票番号）	宅急便と同様
クリックポスト	あり （お問い合わせ番号）	ゆうパックと同様
ネコポス	あり （お問い合わせ伝票番号）	宅急便と同様
定形外郵便	なし ただし、160円追加すれば「特定記録」をつけられ、配送状況を確認できる	特定記録をつけた際はゆうパックなどと同様
レターパック	あり （お問い合わせ番号）	ゆうパックと同様

交換や返金を頼まれたら

こちらに過失がなくても
交換や返金を依頼される
ことがあります

明らかな過失がある場合

返金や交換を希望された場合も、まずは状況確認をしましょう。

確認し、こちらに明らかな過失がある場合には迅速に対応するようにしましょう。

ちなみに、「こちらに明らかな過失がある」とは、次のようなケースです（図4）。

①落札されたものと違う商品を発送してしまった

②商品説明とかけ離れた傷や汚れがある

③配送中のトラブル

事前対策を抜かりなく

これらの過失は、事前対策をしっかりすることで防ぐことができます。

①落札されたものと違う商品を発送してしまった

衣類や雑貨など、カラーバリエーションが多いジャンルの商品でよくあるケースです。

発送の前に落札者にもう一度、落札された商品を確認すればある程度は防ぐことができます。

その際に、念のため落札者から商品コードなどを伝えてもらうと、まちがいが確実に減ります。

②商品説明とかけ離れた傷や汚れがある

本来、商品説明などで明示しなければいけないほどの傷や汚れが商品にあった場合です。

初心者は、商品を落札してほしいがために、商品説明などで傷や汚れがあることを隠してしまう場合が多々あります。

しかし、いくらとりつくろったとしても、落札者の手元に商品が到着してしまえば、すべて判明します。

無用なトラブルを起こさないために、商品説明や商品画像で見栄を張ることはやめましょう。

図4

気をつけたいケース

ケース例	対策
違う商品を発送してしまった  落札されたもの　落札者に届いたもの	・発送前に入念に確認する ・カラーバリエーションなどがある商品の場合、一度落札者にも確認する
商品説明とかけ離れた傷や汚れがある  出品時の画像　落札者に届いたもの	・出品の際にしっかり言及しておく ・質問された際に正直に回答する ・商品画像を必要以上に加工しない
配送中のトラブル  出品者　落札者	・事前に追跡番号を確認しておく ・補償があるサービスの場合には加入しておく

③配送中のトラブル

めったに起こらないとはいえ、起こったときに厄介なのが配送中のトラブルです。すぐに状況を確認できるように、追跡番号をメモしておくとよいでしょう。追跡番号のないサービスは極力避けるのがベターです。

事後対応はどうすればいい？

もしこうしたトラブルになってしまった場合で代替品があるなら、交換と返品の二択からどちらにするかを落札者に決めてもらいます。

交換する場合は落札者の意思確認後にすぐ、商品を発送しましょう。

代替品がない場合は、返品してもらい、返金対応をとるのが一般的です。その場合、返金する口座番号を聞き、商品を返送してもらいましょう。商品がこちらに到着したあと、送料などの諸費用込みの金額を返金します。

明らかな過失がない場合

状況を確認して、こちらに明らかな過失がない場合、返品や返金に応じる必要はありません。

落札者都合のキャンセルについて

特に問題がなく落札者の手元に商品が到着し、商品自体になにも問題がないことを確認したうえで、そのあとに「やっぱり落札をキャンセルしたい」という連絡が来ることもあります。

こうした場合は、いわゆる「落札者都合のキャンセル」なのでもちろん断ることもできますが、快く応じることも問題ありません。

落札者都合のキャンセルでは、振込手数料などの諸費用を引いた金額を返金するという提案をするのがオーソドックスです。

提案に対して承諾があった場合、返送にかかる費用は落札者に負担してもらい、返送された商品に出品時になかった傷や汚れがないかどうかなどの確認をしましょう。

特に異常がない場合、指定口座に銀行振込で返金します。

そのあとは、返送された商品を再出品すれば対応は完了です。

ハッキリいって、自分にまったく問題がなかったのに、相手の都合で返金の対応や返送された商品の再出品をしなければいけないのは、めんどうです。

時間ばかりがかかり、ただの1円も生みださない、いってしまえばムダな作業の連続です。

　こちらも大人ですから、理由がどうあれ対応をしなくてはいけませんが、これらの対応をする際には、「めんどうだなあ」という気持ちが対応する際に出て、相手に感じとられてしまわないように注意して、最後まで対応しましょう。

うまく対応すればリピーター獲得のチャンス!

Column 未着・未入金トラブルお見舞い制度について

「未着・未入金トラブルお見舞い制度」とは、ヤフオク！を利用中に落札した商品が届かない場合や入金されない場合など、さまざまなトラブルが起こってしまったときに、支払・落札金額をお見舞いする制度です。

補償の回数は1IDにつき1年に1回かぎりです。ただし、Yahoo!プレミアム会員の場合は回数制限がありません。

手順としては、まず「被害報告フォーム」から被害の状況を連絡します。

以降は通知された、専用のメールアドレスで担当者とやりとりをします。

そして、被害の状況をYahoo! JAPANが審査し、要件を満たすと判断された場合、最大50万円までではありますが、被害総額の100%をTポイントでお見舞いしてもらえます。

ちなみに、通常、審査から実際に支払われるまでは1カ月から2カ月がかかります。

また、お見舞い制度の申請は落札後120日までが期限です。この期限を過ぎてしまうとお見舞い制度の対象外になるので気をつけましょう。

この未着・未入金トラブルお見舞い制度ができたことにより、さらに安心してヤフオク！を利用できるようになりました。もしもの場合には活用しましょう。

なお、未着・未入金トラブルお見舞い制度は商品到着後のトラブルには非対応です。

連絡がとれない＆お金を払ってもらえないときは

「落札者の削除」を忘れると損してしまいます

まずは粘り強く連絡しよう

落札者が決定したあと、しばらく待っていても、まったく連絡が来ない場合があります。

3日程度が経過しても連絡がない場合、落札者がヤフオク！から送信されるメールを見落としている可能性もあるので、**取引ナビや評価欄から連絡してみましょう。**

そのあともまったく連絡がない場合、返信期限を明示した「最終警告文」を再度送り、指定した期限までに連絡がない場合、落札者の削除をしましょう。

この処理をしておかないと、落札者からの入金はないのにヤフオク！に販売手数料だけは徴収されてしまうので、絶対に忘れないでください（図5）。

落札者都合で削除する際、「ブラックリストに登録しますか？」という表示が出るので、もちろん「登録する」にチェックを入れて、ブラックリストに登録します。

ブラックリストに登録しても、最後に取引したオークションの評価はお互いに可能です。

自動的に「非常に悪い」という評価がヤフオク！運営によってつけられますが、評価のコメントなどで感情的になって暴言を書き込むことはしないようにしましょう。

代金を払ってもらえないとき

代金を払ってもらえない場合も、連絡がとれないときと同様に期限を明示した最終警告文を送り、期限までに入金がない場合、落札者の削除をおこない、ブラックリスト登録します。

基本的にヤフオク！は商品代金（および送料）の入金確認が済んでからの発送です。**入金されたことを確認するまでは商品を発送しなくて大丈夫です。**

落札者と連絡がとれなかったり、お金を払ってもらえないことはヤフオク！を利用しているとしばしば発生します。

こうしたときに必要以上に焦ったり落ち込んだりしないようにするのが末永くヤフオク!で稼いでいくコツです。経験をドンドン積んで、いちはやく慣れていきましょう。

図5

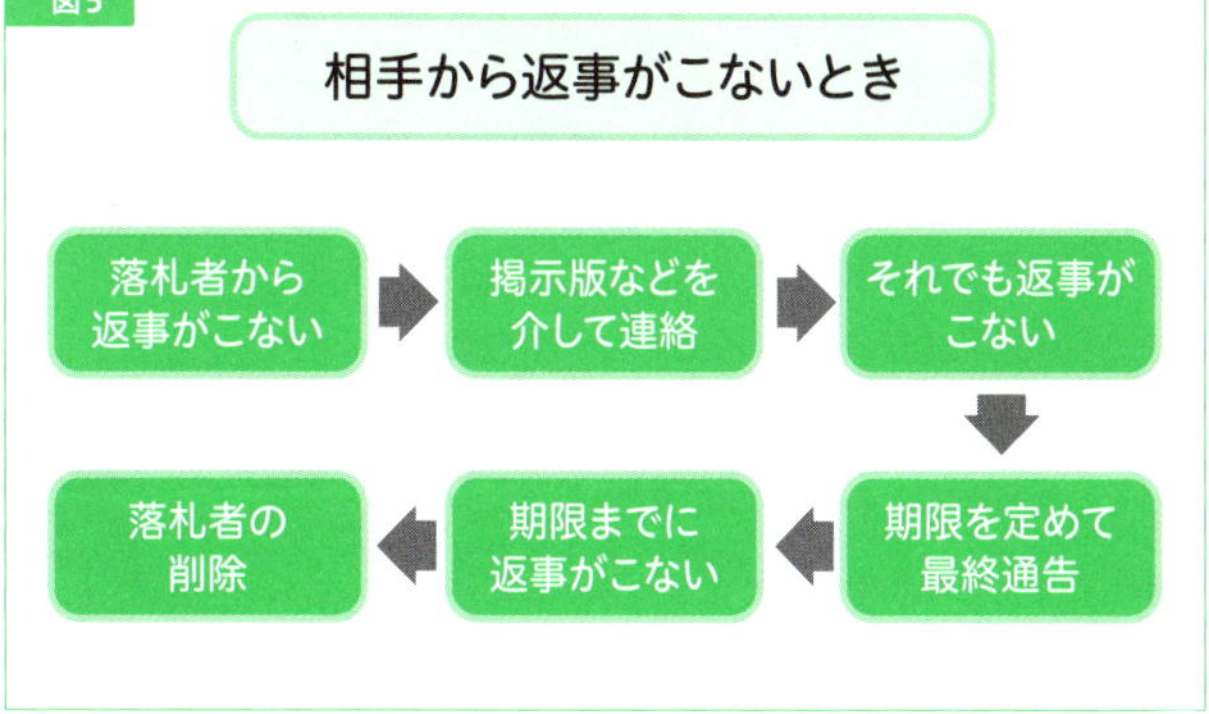

Column 落札者削除制度について

落札者が商品代金を支払わない場合や、「落札を辞退したい」という連絡が来た場合、落札者の削除をしましょう。削除はマイ・オークションの「出品終了分」から簡単にできます。

表示された中から該当するオークションを選択し、「落札者一覧」から削除したい落札者を選びましょう。

削除理由は「落札者都合」にします。「出品者都合」を選択してしまうと、こちらに「非常に悪い」という評価がついてしまうので注意しましょう。

落札者を削除すると、落札者に「非常に悪い」という評価が自動でなされます。

また、削除後は補欠落札者の繰り上げが可能になります。補欠落札者の繰り上げをするかしないかは選択可能です。

繰り上げをした場合、該当者に落札を受理するかどうかを確認するメールが送信されます。

同意して手続きがおこなわれれば、正式な落札者となります。

候補者が辞退した場合や、返事がされない場合には、候補者を削除して、さらに次の補欠を繰り上げることも可能です。

繰り上げとなった落札者候補を削除する場合には、出品者、落札者候補ともに評価はつきません。

なお、オークション終了から42日間経過すると、落札者の削除はできないので注意しましょう。

アカウントを停止されてしまったら

IDが削除される前に対策をとりましょう!

段階的に制裁される

ヤフオク!でガイドライン違反を犯してしまうと、最悪の場合、IDを削除されてしまいます。

ただし、いきなりアカウントを削除されてしまうことはあまりありません（図6）。基本的には、まず「出品制限」がなされます。

ステージ1：出品制限

出品制限の措置がとられると、現時点で出品中のオークションがすべて削除されてしまうほか、再出品や新たな出品ができなくなってしまいます。

出品制限は違反者に対してとられる措置のうち最も軽いものです。しかし、だからといって甘く見て何度も違反を繰り返してしまうと、次はアカウントの利用停止をされてしまいます。

ステージ2：アカウントの利用停止

アカウントの利用停止措置がとられると、次のようなメールが送られてきます。

> あなたのYahoo! JAPAN IDで、利用規約やガイドラインに違反する行為があり、オークションの利用を停止し出品中のオークションの取り消しを行いました。

出品制限よりも重いアカウントの利用停止ですが、この状態ならまだリカバリーは可能です。まずはメールの内容をよく確認しましょう。

そのあと、自分がガイドラインのどこに違反してしまったのかを分析し、改善する手立てを考え、**お問い合わせフォームなどから改善計画を送ります。**万が一、過去にもアカウント停止の経験がある場合には、そのままIDを削除されてしまう可能性が大きいので、そうした場合はいちはやく返事をするのがベターです。

誠心誠意謝罪し、改善する熱意が伝われば、アカウントが復活するはずです。

ステージ3：IDの登録削除

前述したように、もしも違反を何度も繰り返している場合には、最悪の場合、**Yahoo! JAPAN IDの登録削除がなされてしまいます。**

ガイドライン違反をするキケンな人物としてヤフオク！のブラックリストに名を連ねるということですから、再取得できないのは当然といえば当然です。

一度アカウントが削除されると、再度取得することは非常に困難です。

違反申告されたときは

出品中に、いわれのない違反申告をされてしまうことがあります。そんなときは、まず出品ページを見直

図6

IDが削除されるまで

①出品制限	・出品中のオークションが削除される ・再出品や新たな出品が不可能に ・入札や取引ナビの利用などは可能
②アカウントの利用停止	・入札が不可能に ・取引ナビの利用も不可能に ・連絡掲示板の閲覧や評価コメントは可能
③IDの登録削除	・Yahoo! JAPANへのログインが不可能に ・再登録はほぼ不可能

して、違反がないかを確認します。もし、明らかに規約違反しているような箇所が見つかった場合には、いったん出品をキャンセルして、問題のありそうな箇所を修正してから再出品しましょう。

明らかに違反しているような箇所がない場合には、違反申告が来ても動揺する必要はありません。

ユーザーが純粋に違反申告しているケースも当然ありますが、**ほとんどの違反申告は、ライバル出品者などによる嫌がらせかイタズラです。**

イタズラで違反申告をしている人は、出品者が怖気づいて出品をキャンセルするのをねらっているのでしょう。

なので、もし違反申告をされてしまった場合にはあわてずに自分の出品ページを見直してみましょう。

現状では、残念なことに違反申告

に関してYahoo! JAPANに問い合わせをしても、機械的な回答しかもらえないことがほとんどです。

　1ユーザーとしてこれは公平なシステムではないような気がするので、筆者としても、よい方向に改善してもらいたいと願っています。

落札者が利用停止になったとき

　自分が出品した商品で取引中の落札者が利用停止になった場合は、「落札者都合」を選択して、落札者を削除してください。

　うっかり落札者を削除しないまま放置してしまい、落札システム利用料の締め日を過ぎてしまうと、取引の決済がされていなくても落札システム利用料がかかってしまいます。

　こうした際は、連絡掲示板などで「恐れ入りますが利用停止中になっているため、落札者様都合として落札のキャンセルをさせていただきます」などのメッセージを送信するとよいでしょう。

　落札者都合を選択して落札者を削除したあとは、次に入札価格の高かった人を繰り上げるのもアリです。

　繰り上げになる落札者候補がいない場合にはめんどうですが、その商品を再出品しましょう。

出品している状態で利用停止になった場合

　すでに商品を出品している状態で自分のYahoo! JAPAN IDがなんらかの理由で利用停止になってしまった場合は、その時点ですべての取引が無効となります。つまり、出品中のオークションはすべてなくなってしまいます。

　当然、新たな出品や、落札者としてほかのオークションに入札することもできません。

　また、利用停止になると落札者との直接的な連絡手段でもある取引ナビへの投稿や閲覧もできなくなってしまいます。要するに、取引に関するメッセージを見ることが不可能になってしまうのです。

　ただし、連絡掲示板に書き込みされたメッセージを閲覧することは可能です。ほかにも、評価コメントの閲覧も可能です。

　これらの手段を介して落札者からの連絡があるかもしれませんので、利用停止になってしまった際には、なにも手立てを打たずにいるのではなく、連絡掲示板や評価コメントなどを積極的に確認するようにしましょう。

すでに入金が済んでいる場合は？

すでに落札者からの入金が済んでいる場合、そのまま商品を発送するのもよいですが、基本的には返金する方向がベターです。

万が一なにかトラブルに陥ってしまった場合にＩＤが利用停止になっていると、そのあとの対応が困難になってしまうからです。

したがって、すでに入金が済んでいる場合は速やかに返金するようにしましょう。

取引中に落札者の連絡先を手に入れている場合には、そのメールアドレスや電話番号へ連絡するのが基本です。

また、利用停止になってしまうと取引ナビや連絡掲示板への書き込みができなくなることは前述しましたが、自己紹介の編集は可能です。

したがって、なにかオークションに出品している最中にＩＤの利用停止になってしまったときには自己紹介を編集し、今後の対応や緊急の連絡先について明示するとよいでしょう。

そもそも停止されないのが一番

何度も説明しているように、Yahoo! JAPAN IDの登録がいったん削除されてしまうと、ほぼすべての機能が利用できなくなります。

さらに、ほとんどの場合、利用再開はできません。

こうなってしまうとどうしようもないことはいうまでもありません。そもそも利用停止になってしまわないように、ガイドラインなどを熟読し、悪質な行為は絶対にしないようにしましょう。

Column 販売していて楽しいジャンルを扱おう

自分が好きなもの、好きなこと、継続してやっていることを少しだけ思い出してみてください。
いま好きなものだけではなく、好きだったものでもＯＫです。そういった商品であれば、ふつうの人より深い商品知識があるはずです。
実際、仕入や販売において、その知識は大きな強みになります。知識が深ければ深いほど、ユーザーが本当にほしがっている関連商品を発見することができるわけです。そもそも、儲かるからといって、あまり好きではないカテゴリーの商品知識を増やすのはかなり難しいことです。
したがって、まずは自分の好きなジャンルのものを扱いましょう。
好きこそものの上手なれですね。

ブラックリストを活用しよう

登録することで迷惑行為を防止できます

めんどうなユーザーは積極的に登録しよう

迷惑なユーザーやイタズラをしかけてきたユーザーは、積極的にブラックリストに登録していきましょう。登録することで、以降は入札や質問、値下げ交渉をすべてシャットアウトできます。

ブラックリストに登録するべきユーザー

次のようなユーザーは、ブラックリストへの登録をおすすめします。

取引前のユーザー

- 悪い評価が極端に多い
- ほかのユーザーとトラブルを起こした形跡がある
- 悪意のある質問をしてくる

実際に取引をしたユーザー

- 横柄な態度で連絡してくる
- こじつけじみたクレームを送ってくる
- 催促しても入金しない

ブラックリストへの登録方法

ブラックリストに登録したいユーザーがいる場合には、「マイオク」画面の「オプション」から「ブラックリスト」を選択します。「ブラックリストに登録」の欄に登録したいアカウントのIDを入力し、「ブラックリストに登録」をクリックします。これで、入力したユーザーがブラックリストへ登録されます。

なお、ブラックリストに登録したことは、相手には通知されません。

ヤフオク！は日本一のユーザー数を誇るオークションサイトなので、数人をブラックリストに登録したところで、まったく問題ありません。トラブルになりそうなユーザーは先手を打ってブラックリストに登録し、取引できないようにしておけば安心です。

Chapter 7

もっと稼ぎたい人のために

- 購入率をアップさせるおまけ戦略
- どうしても売れないときは値下げも考えよう
- ヤフオク!に便利なツール
- フリマ出品を活用しよう
- 本気ならヤフオク!ストアに切り替えよう

購入率をアップさせるおまけ戦略

簡単なものをおまけにつけるだけでほかの出品者と大きな差がつきます

ひと工夫が大きな差を生む

売りたい商品だけを出品するのではなく、「おまけ」をつけることによりユーザーの購入意欲を上げることができます（図1）。

同じ商品を購入する場合に同じ価格であれば、誰でも「おまけ」や「特典」がついているほうを購入したくなるものです。

特に、ライバルの多い人気商品の場合、この「おまけ」が大きくものをいうケースが多いです。

ためしにヤフオク！やオークファンで「おまけ」「特典」というキーワードで検索してみると、本当に数多くの商品がヒットします。

しかし、よく見ると、おまけとしてつけられているものは、実は、そんなにすごいものや高価なものではありません。

たとえばアイドルやミュージシャングッズの場合、

・雑誌の切り抜き
・ライブチケットの半券
・本人掲載のフリーペーパー
・チラシ
・販促グッズ

といった、無料で入手できるようなものがほとんどです。

高評価にもつながる

おまけをつけることの効果は、購入意欲を高めることだけではありません。本来必要な商品だけでなく落札者にとって得になる特典をつけることで、よい評価をしてもらえることにつながります。結果として、これからあなたと取引する可能性のある第三者から見たあなたの信頼度も上げることになるのです。

結局、インターネットオークションという顔の見えない人間どうしの取引でも、やはり対人の取引なので、キチンと対応してくれて、おまけまでつけてくれた人に対して悪い評価はつけない（つけられない）ものです。

おまけをつけるときの注意点

このように、いいことずくめのおまけ戦略ですが、注意点があります。それは、送料です。

紹介したような雑誌の切り抜き、半券といった軽い素材のおまけであれば、送料も増えずに落札された商品と一緒に発送できます。

しかし、おまけをつけることによって、大幅に送料が変化するようなものは避けたほうがよいでしょう。

なぜなら、ヤフオク!で商品を探している人の多くは、送料が上がることを嫌っているからです。したがって、重量のあるおまけをつける場合、「送料が上がってしまうので、希望者のみにおまけをつけます」など一文を書いておくと以降のトラブルを防止できます。

図1

ちょっとのおまけで いいことずくめ

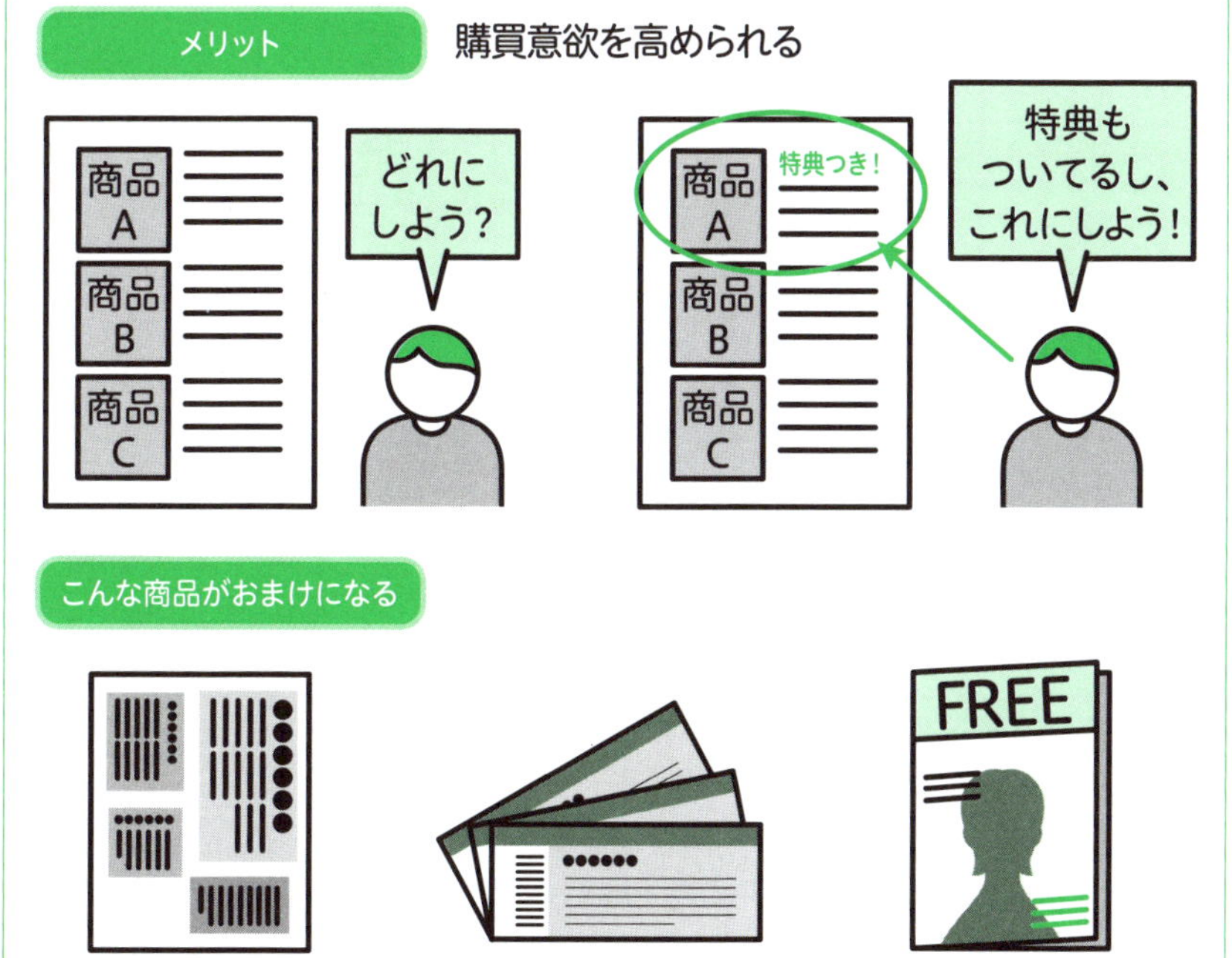

雑誌の切り抜き　ライブチケットの半券　アイドルの記事掲載のフリーペーパー

どうしても売れないときは値下げも考えよう

値下げをするときにも、相場をしっかりチェックしましょう

価格を見直してみる

ここまで紹介してきたセオリー通り、画像にも細心の注意を払い、タイトル文、説明文も検索に引っかかるようにキーワードを考えて出品したのに、それでもなかなか入札されずに、質問すら来ない。こんなことも、ヤフオク!をやっていればかならず起こります。

基本的にはChapter 5「価格よりもアイデアで勝負しよう」で紹介したように、まとめ販売などで対処するのがベターですが、それでも「どうしてもこのままでは売れないなぁ」と感じた商品は、少しだけ価格を下げてみましょう。

価格の再設定

とはいえ、売れないからといってヤケになって1円で出品するのは当然NGです。相場に合わせて、現時点での適切な価格で出品しないとなかなか売れづらいのです。

まずは、同じ商品が過去に落札されている価格相場を調べましょう。

相場はヤフオク!で調べることもできますし、オークファンからもチェックできます（図2）。

・どれくらいの価格で落札されたのか
・どのような推移で価格が動いているのか

などを過去相場からチェックし、価格を再設定します。

他力本願的に値上がりを期待するのではなく、しっかりと販売相場をつかみましょう。値下げをしつつも、ねらった販売価格の範囲で売るのがポイントです。

相場よりほんの少しだけ安く再設定するだけで、あっという間に入札され、売れてしまうこともよくあります。

また、相場よりも少し高めに価格設定をしておいて、価格交渉された際に値引きして売るという方法も有効です。

価格以外もチェック

ちなみに、価格を変更する場合は、まず現在の出品をキャンセルしなければなりません。

その際、価格だけではなく、出品ページに書かれているタイトルや説明文、送料などもチェックし、自分の出品した商品と売れた商品のどこが違うのかを注意深く確認するようにしましょう（図3）。

図2

相場はオークファンで見る

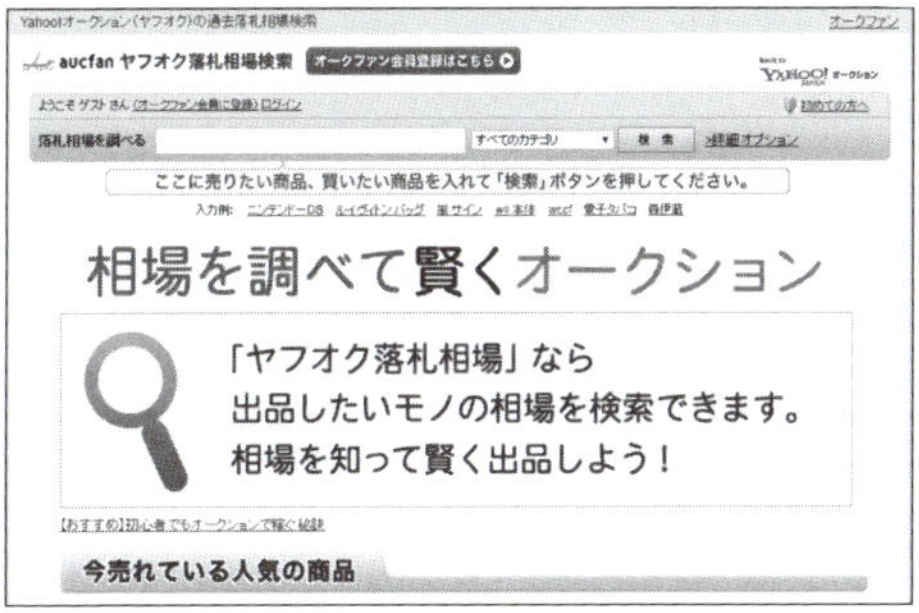

図3

やみくもに値下げしない

過去の相場をチェック

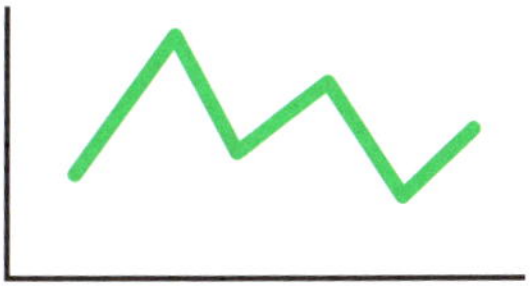

商品説明を見比べてみる

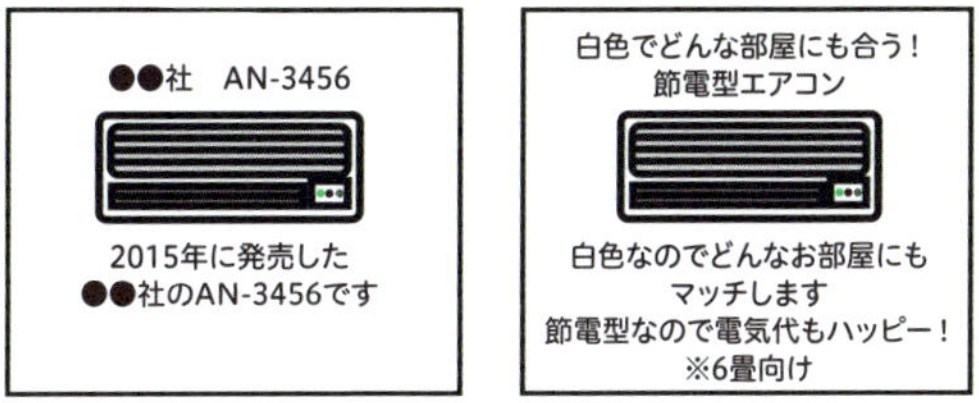

ヤフオク!に便利なツール

最短経路でラクして儲けましょう!

使えるものはトコトン使う!

インターネット上にはヤフオク!で出品するうえでぜひとも活用したい便利なサイトやツールがたくさんあります。

ヤフオク!で簡単に稼ぎたいのであれば、次のようなツールを使うようにしましょう。

- 画像加工ソフト
- 再出品ツール
- 商品管理ツール
- 出品テンプレート
- 検索ツール

なにも使わずにヤフオク!に取り組むのはハッキリいって損です。

これらのツールは、無料版や1カ月だけ無料などの「おためし版」ともいえるバージョンが数多く提供されているので、アレコレ悩んでしまわずに、まずは実際に使ってみて「これいいじゃん!」と思ったものを使えばよいでしょう。

とりあえずここでは、数あるツールの中から筆者なりにジャンルをわけ、初心者の人こそぜひとも使ってほしい!と思えるようなものを紹介します(表1)。

画像加工ソフト

画像の解像度を変化させたり、色味の補修をしたりするときに使うのが、画像加工ソフトです。

1枚だけの画像を商品ページに載せるのではなく、複数の写真を合成した画像を作成する場合にもこのソフトを使います。

ほとんどがパソコンにインストールして使うタイプのソフトです。

再出品ツール

1回の出品で商品が落札されればもちろん最高ですが、当然ながら毎度毎度そう簡単にはいきません。

そうした商品を再出品するときに、手動でいちいち設定するのはかなり大変です。

再出品する必要のある商品が50件

を超えるようになってきたら、再出品ツールを導入しましょう。

たとえ再出品するものが数百件あっても、ボタン1つで設定してくれる最強の武器です。

相場検索サイト

検索ツールは、いまやふだんの生活を送るうえでも必要不可欠なものとなりつつあります。ヤフオク!で儲けたいときにも活用しましょう。適切な価格設定や商品の激安仕入などに役立ちます。ここでは、これまで多くの節で紹介しているオークファンに加え、もう1つの使えるサイトである「モノレート」を紹介します。

モノレートは、商品がAmazonマーケットプレイスでどのくらいの価格で販売されているかがグラフでわかる相場検索サイトです（図4）。販売価格だけではなく、現在の出品者数やランキングの変動などを含めて、過去から現在の状況までを一望することができます。

Amazonでの販売価格をベースに出品する際の開始価格を決める場合には必要不可欠のサイトです。

仕入の際にも、モノレートのグラフを確認すれば、まったく人気がない商品を仕入れてしまうこともなくなります。

出品テンプレートサイト

出品テンプレートサイトを活用すれば、あとは説明文を入力するだけでキレイかつ魅力的な出品ページが簡単に作成できてしまいます。

誰でもすぐに使えるようにシンプルにできているので、出品ページのレイアウトに悩まず、出品時間の短

図4

Amazonの相場がわかる「モノレート」

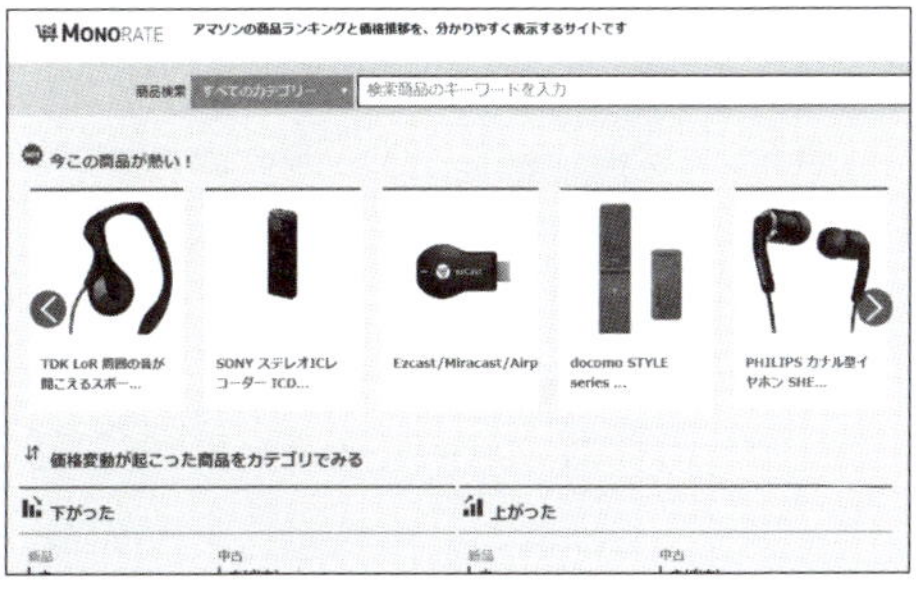

縮にもつながります。

送料比較ツール 運送業者サイト

ヤフオク!では多くのユーザーが送料を気にしています。少しでも送料を軽減できるように「送料の虎」を活用しましょう。

送料の虎は、数ある配送サービスを比較して、どの方法で送ると一番安いかを簡単に調べることができる便利なサイトです(Chapter 3「郵便や宅配便はどれを選ぶ?」内のコラム「送料計算に使える便利なサイト」参照)。

また、ヤマト運輸や佐川急便、日本郵便には数多くの配送サービスが用意されています。公式ホームページでは、たくさんの配送サービスを一括して見られるほか、送料の計算、配送状況の確認もできます。ブックマークに登録しておくとよいでしょう(図5)。

質問サイト

ヤフオク!を利用していて、誰に聞いたらよいのかわからない質問があるときには、質問サイトを利用してみましょう。オーソドックスな手法ですが、明確な回答が得られるはずです。

特に、法律的な事柄やヤフオク!の規約に関する込み入った質問に対しては、専門的な見解での回答を得られることが多いので非常に便利です。白黒ハッキリさせたいときに利用しましょう。

多くのサイトが無料で利用できます。

活用し、ラクして儲けよう

ヤフオク!で手軽に儲けたい場合には、なんでもかんでも自分ですべてやろうと思うのではなく、利用できるものはすべて利用し、近道できるところはどんどんショートカットしてすすんでいくことが大事です。

どんどんラクして、どんどん儲けていきましょう!

図5　配送業者の公式サイトも意外におすすめ

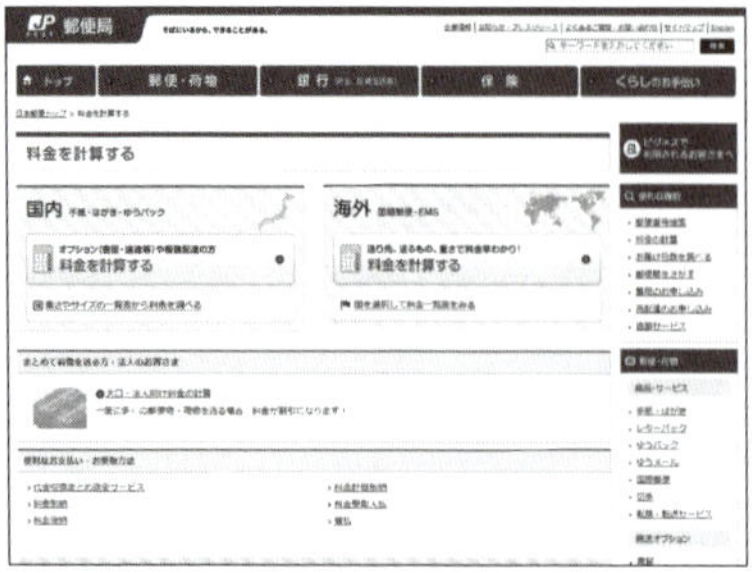

表1　便利なツールを活用しよう

	用途	筆者おすすめのもの
画像加工ソフト	色味の補修をしたり、複数の写真を合成したりする	Jtrim (http://www.woodybells.com/jtrim.html) GIMP2 (http://www.geocities.jp/gimproject1/)
再出品ツール	落札されなかった商品を再度出品する	たまご (http://crispysoft.web.fc2.com)
相場検索サイト	販売価格や売上ランキングの推移などをチェックし、仕入の参考にする	モノレート (http://mnrate.com/)
出品テンプレートサイト	出品ページのレイアウトをアレンジする	おーくりんくす (http://www.auclinks.com/apm/) オークファン出品テンプレート (http://aucfan.com/auctemp/)
送料比較ツール	出品する商品の最適な送料を判断する	送料の虎 (http://www.shipping.jp/search.html)
質問サイト	法律的なことやヤフオク！の規約について回答を受けられる	Yahoo! 知恵袋 (http://chiebukuro.yahoo.co.jp/) はてな (http://www.hatena.ne.jp/) OKWAVE (http://okwave.jp/) 教えて！goo (http://oshiete.goo.ne.jp/)

フリマ出品を活用しよう

最近注目の新機能!
手軽さが特徴です

いま注目の新機能

若者を中心に大人気の、スマホで手軽に使えるフリマアプリ「メルカリ」の大ブレイクに対抗した、老舗ともいえるヤフオク!のフリマサービスが「フリマ出品」です。

2017年2月よりサービスが開始され、テレビCMでも積極的にPRされているため、いま一番熱いジャンルともいえるでしょう。

検索した画面で「フリマモード」を選択すれば、即決価格のみの出品であるフリマ商品だけを探すことも可能です。

その価格で購入したい場合は、オークション形式の出品同様に即決価格で落札するだけです。

また、出品商品によっては値下げ交渉をすることも可能です。

フリマ出品では、パソコンやスマホなど、どの端末からでも即決価格のみで出品することが可能です。月額会費がかからないのもうれしいポイントです。

フリマ出品のメリット

メリット①取引がすぐに成立する

フリマ出品では、従来のオークション形式ではなく、即決価格のみの出品であるため、入札されるということがそのまま落札されることになります。

フリーマーケットのように売り手側が価格を決めて販売する即決価格のため、落札者がオークション開催期間終了まで待つ必要がなく、取引に時間がかかりません。

メリット②出品が簡単

フリマ出品は、通常のオークション形式の出品よりも簡単に出品ができます。

取引の流れも非常に単純で、落札されたあとにやるべきことは、商品を発送するだけです。

オークション形式の取引の際にするメッセージ交換などのめんどうなやりとりは皆無なのです。

オークション出品との違い

①支払方法

「フリマ出品」と「オークション出品」との大きな違いとしては、支払方法が挙げられます。

通常のオークション形式での代金支払方法は「Yahoo!かんたん決済」や「銀行振込」、そして「代金引換」など、多数の支払方法から選択が可能でした。

一方、フリマ出品で利用できる支払方法は、「代金支払い管理サービス」のみになります。

「代金支払い管理サービス」とは、落札者が支払った代金を一度ヤフオク!が管理し、落札者が取引ナビで「受け取り連絡をする」ボタンを押すと、商品代金が出品者に入金されるシステムです。

このシステムを導入することにより、代金をしっかり払ったのに商品が届かないというトラブルなどを防ぐことができます。

また、支払手続きから14日が経過すると、落札者が「受け取り連絡をする」ボタンを押さなくても自動で出品者への入金処理がされるため、安心です。

代金支払い管理サービス（図6）
URL http://special.auctions.yahoo.co.jp/html/shiharaikanri/

図6

代金支払い管理サービスでトラブル回避

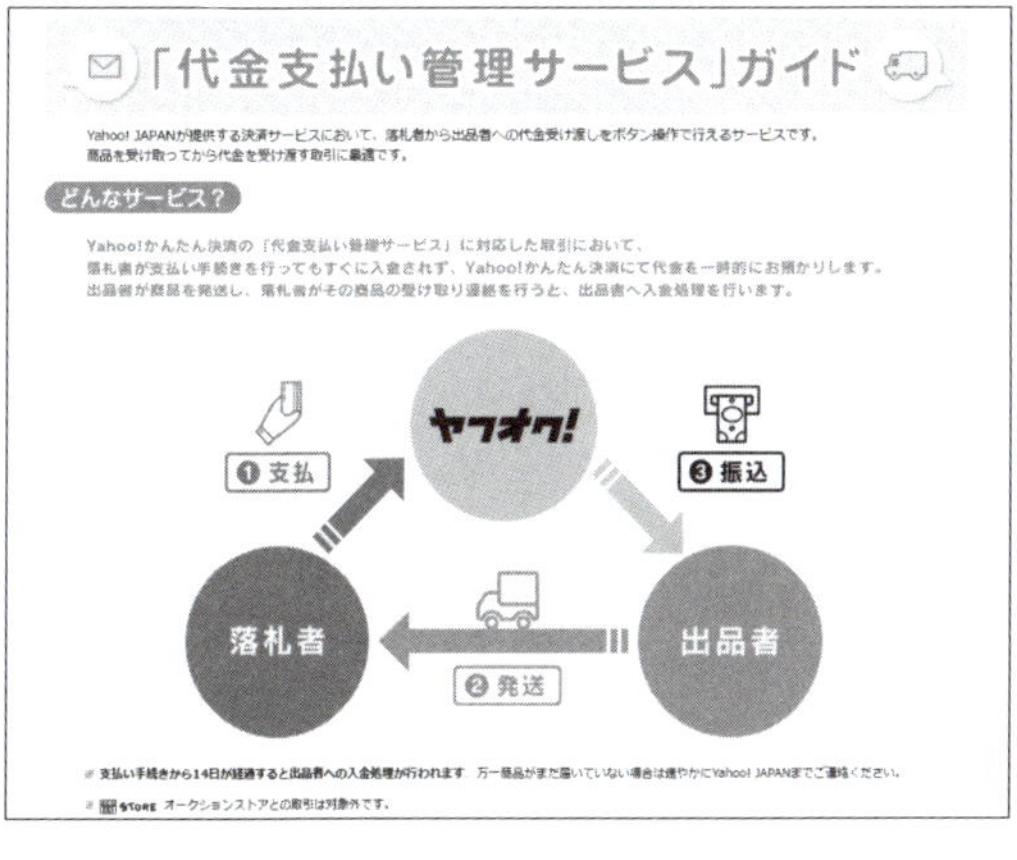

②発送方法

また、利用できる発送方法も従来のオークション出品とフリマ出品とでは異なります。

通常のオークション形式の出品では多数の発送方法が選択できますが、フリマ出品では、

・ヤフネコ！パック
・はこBOON
・クリックポスト
・定形郵便
・定型外郵便
・レターパックライト／レターパックプラス
・ゆうメール
・ゆうパック
・ヤマト宅急便
・佐川飛脚宅急便

の中から1つだけ設定可能です。

なお、着払の設定はできないので、注意しましょう。

③出品期間

フリマ出品では、設定期間が7日間に固定されています。

これはオークション形式の出品だけでなく、ほかのメルカリなどのフリマアプリとの違いでもあります。

また、売れなかった場合は手動で再出品することになります。

プレミアム会員でなくとも出品可能

フリマ出品では、Yahoo!プレミアム会員に登録していなくても出品が可能です。これにより、「とりあえず出品してみたい」という人でも手軽に出品が可能になり、初心者にとって、以前よりさらにヤフオク！をはじめやすくなったといえるでしょう。

ただし、Yahoo!プレミアム会員に加入しておらず、フリマモードで出品する場合の出品手数料は、通常の8・64％よりも少々割高の10％になるので注意しましょう。

これからの売りかたは3パターン

フリマ出品の登場により、ヤフオク！ではおもに3パターンの出品が可能となりました。

・フリマ出品（即決出品）での出品
・従来のオークション形式での出品
・従来の即決価格での出品

メルカリは、CtoC（個人消費者間の取引）に絞り、大ブレイクしたこ

ともあり、その分野をねらい、老舗ともいえるヤフオク!もいよいよフリマアプリ市場に参入してきました。

はたしてメルカリのように大化けするのか?

フリマ出品の今後が楽しみです。

初心者でも
はじめやすい!

表2 フリマ出品とオークションの違い

	フリマ出品	オークション
出品期間	7日間(固定)	12時間から7日間(自由選択)
支払方法	代金支払い管理サービスのみ	・Yahoo! かんたん決済 ・銀行振込 ・現金書留 など多数
発送方法	・はこBOON ・クリックポスト ・定形郵便 など、設定されたものの中から1つだけ選択可能 ※着払は不可能	着払も可能
出品方法	Yahoo! プレミアム会員以外も可能	特定カテゴリをのぞきYahoo! プレミアム会員しか不可能
自動再出品	不可能	可能
海外発送	不可能	可能
入札者評価制限*1	「あり」しか設定できない	「なし」も可能
入札者認証制限*2	「なし」しか設定できない	「あり」も可能
出品手数料	10%*3	8.64%

*1 入札者評価制限とは、一定以上の評価を所持しているユーザーでしか入札できないようにするオプションです
*2 入札者認証制限とは、モバイル確認やYahoo! プレミアムへの登録など、認証がすでに済んでいるユーザーしか入札できないようにするオプションです
*3 Yahoo! プレミアム会員の場合は8.64%です

本気ならヤフオク!ストアに切り替えよう

もっともっと稼ぎたいならストア出店は必須です

出品数が増えてきたら切り替えよう

「月5万円じゃ足りない!」「もっと稼ぎたい!」と思った人にはヤフオク!ストアでの出店をおすすめします。

取り扱う商品数がじょじょに増えていき、出品している商品数がひと月に数百品を上回るようになってきたら、ヤフオク!ストアに切り替えるタイミングだといえるでしょう。

便利なツールで手間なし

ヤフオク!ストアに切り替えることによって、数多くのメリットが生まれます。

まず挙げられるのが作業時間の短縮です。ヤフオク!ストアでは、個人で利用しているだけでは使用できないツールが使えるのです。

たとえば、「落札ナビ」や、受注や在庫などを一元的に管理できる「出品ナビ」です。

1つ1つの出品作業を手作業でおこなっていては、大変な手間がかかるうえ、大きなタイムロスにもなり、すこぶる非効率的であるといえます。

ヤフオク!ストアで提供されているこうしたツールを活用すれば、めんどうな出品作業の時間短縮につながるのです。

オーダーフォームで手間なし

2つ目のメリットが、落札後の連絡が手軽な点です。

ヤフオク!ストアでは「オーダーフォーム」というツールを利用して取引をすすめていきます。

事前に出品者情報や支払方法などをオーダーフォームに登録しておけば、落札者が自分の個人情報を入力し、入金するのを待つだけです。

入金確認後は商品を発送し、評価をするだけで取引が完了するので、めんどうな手間がかなり減ります。

また、ヤフオク!ストアでは出品者と落札者が直接連絡をすることも可能です。

ニュースレターでリピーターをゲット

もう1つの大きなメリットとしては、購入者や以前に入札した人に対して「ストアニュースレター」というメルマガを配信できることが挙げられます。

情報の鮮度が高い、お買い得情報などをメルマガで配信できるため、セカンドオファーや売上アップがねらえます。

個人での出品では、出品者と落札者が情報のやりとりをできるのは商品が落札されたあとぐらいです。こういった、別の商品の販促オファーができるのはヤフオク！ストアならではのメリットといえるでしょう（図7）。

①便利なツールが提供されている

落札ナビ	出品ナビ
・落札者の過去の取引データをダウンロードできる ・取引時の連絡のテンプレートも用意されている	・商品データや画像をストレージできる ・予約出品が可能

作業の大幅な効率化に！

②オーダーフォームで手間なし

オーダーフォーム

事前に支払方法を入力　・個人情報の入力　・入金

出品者　落札者

出品者がやることは入金を待って発送するだけ！

③ニュースレターの配信

リピーターの獲得や新規顧客の開拓にも！

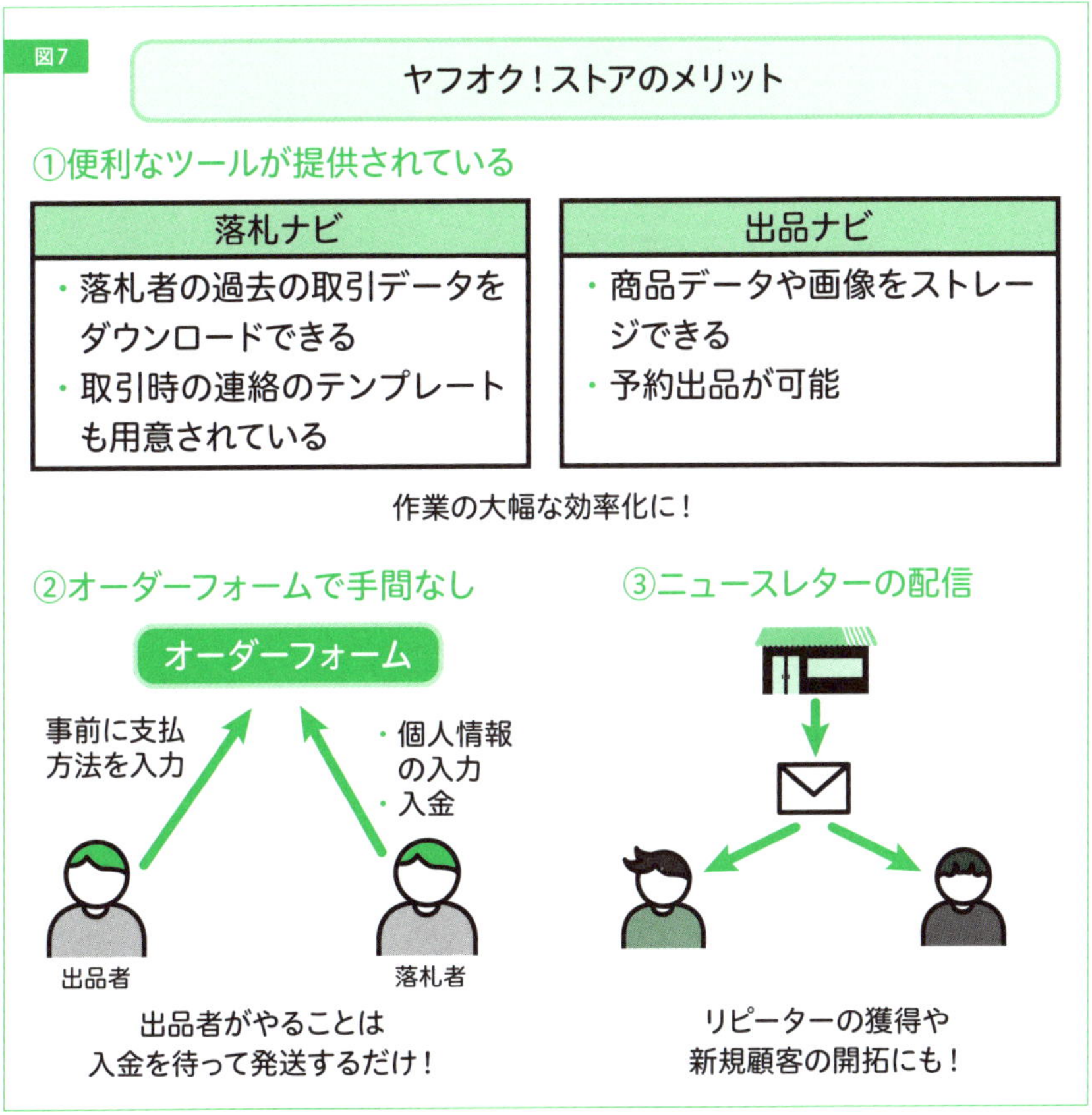

そのほかの優遇点

運営経費の面でも、ヤフオク!ストアは個人での出品より優遇されています。

ヤフオク!の個人出品では消費税を徴収することができませんが、ヤフオク!ストアで出品する場合は、落札者から消費税を徴収することができるのです。

ほかにも、個人での出品の場合、入札者がいる場合などで出品をキャンセルする際に徴収される出品取消システム利用料も、ヤフオク!ストアでは免除されます。

また、個人で出品する際には在庫のない商品を出品することはできませんでした(Chapter 2「ヤフオク!のルールを知っておこう」参照)。しかし、ヤフオク!ストアの場合は、納期などを明記すれば、現時点では在庫がない入荷待ちである商品でも、出品が可能です。

このほかにも個人で出品する際には得られないメリットがヤフオク!ストアにはたくさんあるので、本気で稼ぎたい!という人にとって、ヤフオク!ストアへの出店は必須ともいえるでしょう。

IDをわけると便利!

ちなみに筆者は、ヤフオク!ストア用と個人で出品する用のIDを別々に管理しています。

Yahoo! JAPAN IDをいくつかにわけて管理することにより、ヤフオク!を利用して仕入れた商品をヤフオク!で販売することも可能になるのです。

また、個人出品用のIDを用意することで、ヤフオク!ストアで販売するとストアのイメージダウンにつながってしまうようなB級品などを個人用のIDで販売することも可能になります。

月5万円以上をガンガン稼いでいきたい人には、ただ単にヤフオク!ストアを活用するだけではなく、それに加えてヤフオク!ストア用のIDと個人出品用のIDを巧みに使いわけ、運営することをおすすめします。

出店審査は心配なし

ちなみに、ストアへ出店する際には、事前審査があります。Yahoo! JAPANとクレディセゾンの2社による審査ですが、落ちてしまう可能性はあまり高くないので、躊躇せずに申し込みましょう。

おわりに

いままで何冊もヤフオク！に関する書籍を書いてきましたが、改めて書きたかったのが、「これからはじめる初心者向け」の本です。

この書籍の出版が決定し、これはまさに自分が選んだ方向に人生がすすんだ瞬間でもありました。

異常なくらいのハイテンションで書きすすめられたのは「史上最強にわかりやすい内容にしてやる！」というメラメラと青白く燃えるエナジーに満ち溢れていたからです。

「どうせやるならメーターを振り切るまでやらないと面白くない！」というのが私のポリシーなんです。

手抜きということを一切できないストレートな人間ですので、それは執筆においても変わらず、こういうやりかたしかできないというのが本音だったりもします。

そんな不器用な人間でもヤフオク！に出会ったおかげで独立することができました。こうして執筆の機会をいただいたことに感無量です。

この書籍を読んであなたが「できる！」と感じたことだけでもいいので、とにかく実践することが重要です。

成功する秘訣は「トライ数」を上げればいいだけです。成功するまでしつこくやればいいんです。

行動しないといつまで経っても稼げません。

長年、実践しながら私がつかんだ秘訣がこの書籍には詰まっています。

勉強もスポーツもたいしてできないし、なんの資格もなかった私でも愚直にやり続けていたらここまで来られたんだと思えば、「ひょっとしたら自分もできるんじゃないかな？」と思えるんじゃないでしょうか？

少しでも可能性を感じて、そういう気持ちになったのであれば、私はとてもうれしいです。

最後になりますが、この書籍にかかわったたくさんの人々、書籍だけではなく私を支えてくれたすべての人に感謝とともに敬意を表したいです。

山口裕一郎

【お問い合わせについて】

本書に関するご質問や正誤表については下記Webサイトをご参照ください。

正誤表 http://www.shoeisha.co.jp/book/errata/
刊行物Q&A http://www.shoeisha.co.jp/book/qa/

インターネットをご利用でない場合は、FAX または郵便にて、お問い合わせください。回答は、ご質問いただいた手段によってご返事申し上げます。

宛先：〒160-0006 東京都新宿区舟町5 (株)翔泳社 愛読者サービスセンター
FAX 番号 03-5362-3818 ※電話でのご質問は、お受けしておりません。

※本書の出版にあたっては正確な記述につとめましたが、著者や出版社などのいずれも、本書の内容に対してなんらかの保証をするものではありません。
※本書に記載されている情報は2017年2月執筆時点のものです。

著者プロフィール

山口 裕一郎 (やまぐち ゆういちろう)

肉体労働で生活費を稼ぎながらミュージシャンを目指し、いつの日かメジャーデビューする日を夢見ていたが、30歳で体を壊し、全くの未経験からインターネットビジネスの世界へ飛び込む。以降、自ら実践しながら掴んだノウハウを体系化して、個人でもネット販売で稼ぐ方法を知らしめた、個人で行うインターネットビジネスの草分け的存在。
これまでの著書としては『Amazonで稼ぐ！Webショップ開店＆販売コレだけ！技』(技術評論社)、『90日間で30万円稼ぐ かんたんネット輸入＆販売』(ぱる出版)、『タオバオ＆アリババで中国輸入 はじめる＆儲ける 超実践テク114』(技術評論社)などがある。
座右の銘は「勝つまで諦めなければ、必ず成功する！」

公式サイト http://you-ichiro.com/

装丁・本文デザイン 大下 賢一郎
DTP BUCH⁺
イラスト さち

プラス月5万円で暮らしを楽にする超かんたんヤフオク！

2017年4月13日 初版第1刷発行

著　者 山口 裕一郎
発行人 佐々木 幹夫
発行所 株式会社 翔泳社(http://www.shoeisha.co.jp/)
印刷・製本 大日本印刷 株式会社

ISBN978-4-7981-5093-2 Printed in Japan